“十四五”国家重点出版物出版规划项目·重大出版工程

中国学科及前沿领域2035发展战略丛书

学术引领系列

国家科学思想库

中国基于加速器的粒子物理2035发展战略

“中国学科及前沿领域发展战略研究（2021—2035）”项目组

科学出版社

北 京

内 容 简 介

粒子物理研究物质最深层次的结构和最基本的相互作用规律，与宇宙起源及演化紧密相关，是人类认识物质世界最前沿的基础科学。基于加速器的粒子物理研究是粒子物理领域最有效的研究途径，曾在粒子物理的发展历史上发挥重要作用，也将在粒子物理的未来发展中具有不可替代的位置，同时也将对高新技术的发展起到重大推动作用。本书阐述了粒子物理学科的科学意义与战略价值、发展规律与研究特点，特别凝练了基于加速器的粒子物理研究的关键科学问题、发展思路、目标及方向，探讨了2035 年前我国基于加速器的粒子物理研究布局、优先发展方向和学科可持续发展等重大问题，以期为国家发展粒子物理学科提出政策建议。

本书为相关领域战略与管理专家、科技工作者、企业研发人员及高校师生提供了研究指引，为科研管理部门提供了决策参考，也是社会公众了解粒子物理学科特别是基于加速器的粒子物理研究方向发展现状及趋势的重要读本。

图书在版编目（CIP）数据

中国基于加速器的粒子物理2035发展战略 / “中国学科及前沿领域发展战略研究（2021—2035）”项目组编. 北京：科学出版社，2025. 8.

ISBN 978-7-03-081748-8

I. O572.2-12

中国国家版本馆CIP数据核字第2025VG6689号

丛书策划：侯俊琳　朱萍萍

责任编辑：朱萍萍　崔慧娴 / 责任校对：韩　杨

责任印制：师艳茹 / 封面设计：有道文化

科学出版社 出版

北京东黄城根北街 16 号

邮政编码：100717

http://www.sciencep.com

北京中科印刷有限公司印刷

科学出版社发行　各地新华书店经销

*

2025年8月第　一　版　开本：720×1000　1/16

2025年8月第一次印刷　印张：17

字数：195 000

定价：158.00元

（如有印装质量问题，我社负责调换）

“中国学科及前沿领域发展战略研究（2021—2035）”

联合领导小组

组　长　吴朝晖　窦贤康

副组长　包信和　王希勤

成　员　高鸿钧　张　涛　裴　钢　朱日祥　郭　雷
杨　卫　王笃金　周德进　王　岩　姚玉鹏
倪培根　杨俊林　王璞玥　赖一楠　刘　克
刘作仪　洪　微　付雪峰

联合工作组

组　长　周德进　姚玉鹏

成　员　孙　粒　于　璇　王佳佳　马　强　王　勇
魏　秀　缪　航

《中国基于加速器的粒子物理2035发展战略》

咨询专家

赵光达　陈和生　张肇西　吴岳良　赵政国　罗民兴

王贻芳　马余刚　高原宁　赵红卫　邹冰松

编　写　组

组　　长　赵政国

主要成员（以姓氏拼音为序）

曹庆宏　高　杰　何小刚　金　山　刘建北

娄辛丑　阮曼奇　杨海军　于程辉　苑长征

郑阳恒

主要成员　赵　强　彭海平

总　　序

党的二十大胜利召开，吹响了以中国式现代化全面推进中华民族伟大复兴的前进号角。习近平总书记强调“教育、科技、人才是全面建设社会主义现代化国家的基础性、战略性支撑”①，明确要求到 2035 年要建成教育强国、科技强国、人才强国。新时代新征程对科技界提出了更高的要求。当前，世界科学技术发展日新月异，不断开辟新的认知疆域，并成为带动经济社会发展的核心变量，新一轮科技革命和产业变革正处于蓄势跃迁、快速迭代的关键阶段。开展面向 2035 年的中国学科及前沿领域发展战略研究，紧扣国家战略需求，研判科技发展大势，擘画战略、锚定方向，找准学科发展路径与方向，找准科技创新的主攻方向和突破口，对于实现全面建成社会主义现代化“两步走”战略目标具有重要意义。

当前，应对全球性重大挑战和转变科学研究范式是当代科学的时代特征之一。为此，各国政府不断调整和完善科技创新战略与政策，强化战略科技力量部署，支持科技前沿态势研判，加强重点领域研发投入，并积极培育战略新兴产业，从而保证国际竞争实力。

擘画战略、锚定方向是抢抓科技革命先机的必然之策。当前，新一轮科技革命蓬勃兴起，科学发展呈现相互渗透和重新会聚的趋

① 习近平. 高举中国特色社会主义伟大旗帜 为全面建设社会主义现代化国家而团结奋斗——在中国共产党第二十次全国代表大会上的报告. 北京：人民出版社，2022：33.

势，在科学逐渐分化与系统持续整合的反复过程中，新的学科增长点不断产生，并且衍生出一系列新兴交叉学科和前沿领域。随着知识生产的不断积累和新兴交叉学科的相继涌现，学科体系和布局也在动态调整，构建符合知识体系逻辑结构并促进知识与应用融通的协调可持续发展的学科体系尤为重要。

擘画战略、锚定方向是我国科技事业不断取得历史性成就的成功经验。科技创新一直是党和国家治国理政的核心内容。特别是党的十八大以来，以习近平同志为核心的党中央明确了我国建成世界科技强国的“三步走”路线图，实施了《国家创新驱动发展战略纲要》，持续加强原始创新，并将着力点放在解决关键核心技术背后的科学问题上。习近平总书记深刻指出：“基础研究是整个科学体系的源头。要瞄准世界科技前沿，抓住大趋势，下好‘先手棋’，打好基础、储备长远，甘于坐冷板凳，勇于做栽树人、挖井人，实现前瞻性基础研究、引领性原创成果重大突破，夯实世界科技强国建设的根基。”①

作为国家在科学技术方面最高咨询机构的中国科学院和国家支持基础研究主渠道的国家自然科学基金委员会（简称自然科学基金委），在夯实学科基础、加强学科建设、引领科学研究发展方面担负着重要的责任。早在新中国成立初期，中国科学院学部即组织全国有关专家研究编制了《1956—1967年科学技术发展远景规划》。该规划的实施，实现了“两弹一星”研制等一系列重大突破，为新中国逐步形成科学技术研究体系奠定了基础。自然科学基金委自成立以来，通过学科发展战略研究，服务于科学基金的资助与管理，不断夯实国家知识基础，增进基础研究面向国家需求的能力。2009年，自然科学基金委和中国科学院联合启动了“2011—2020年中国学科发展战略研究”。

① 习近平. 努力成为世界主要科学中心和创新高地 [EB/OL]. (2021-03-15). http://www.qstheory.cn/dukan/qs/2021-03/15/c_1127209130.htm[2022-03-22].

2012年，双方形成联合开展学科发展战略研究的常态化机制，持续研判科技发展态势，为我国科技创新领域的方向选择提供科学思想、路径选择和跨越的蓝图。

联合开展“中国学科及前沿领域发展战略研究（2021—2035）”，是中国科学院和自然科学基金委落实新时代“两步走”战略的具体实践。我们面向2035年国家发展目标，结合科技发展新特征，进行了系统设计，从三个方面组织研究工作：一是总论研究，对面向2035年的中国学科及前沿领域发展进行了概括和论述，内容包括学科的历史演进及其发展的驱动力、前沿领域的发展特征及其与社会的关联、学科与前沿领域的区别和联系、世界科学发展的整体态势，并汇总了各个学科及前沿领域的发展趋势、关键科学问题和重点方向；二是自然科学基础学科研究，主要针对科学基金资助体系中的重点学科开展战略研究，内容包括学科的科学意义与战略价值、发展规律与研究特点、发展现状与发展态势、发展思路与发展方向、资助机制与政策建议等；三是前沿领域研究，针对尚未形成学科规模、不具备明确学科属性的前沿交叉、新兴和关键核心技术领域开展战略研究，内容包括相关领域的战略价值、关键科学问题与核心技术问题、我国在相关领域的研究基础与条件、我国在相关领域的发展思路与政策建议等。

三年多来，400多位院士、3000多位专家，围绕总论、数学等18个学科和量子物质与应用等19个前沿领域问题，坚持突出前瞻布局、补齐发展短板、坚定创新自信、统筹分工协作的原则，开展了深入全面的战略研究工作，取得了一批重要成果，也形成了共识性结论。一是国家战略需求和技术要素成为当前学科及前沿领域发展的主要驱动力之一。有组织的科学研究及源于技术的广泛带动效应，实质化地推动了学科前沿的演进，夯实了科技发展的基础，促进了人才的培养，并衍生出更多新的学科生长点。二是学科及前沿领域的发展促进深层次交叉融通。学科及前沿领域的发展越来越呈现出多学科相互渗透的发展态势。某一类学科领域采用的研究策略和技术体系所产生的基础理论与方法论成果，可以作为共同的知识基础适用于不同学科领域的多个研究方向。三是科研范式正在经历深刻变革。解决系统性复杂问题成为当前科学发展的主要目标，导致相应的研究内容、方法和范畴等的改变，形成科学研究的多层次、多尺度、动态化的基本特征。数据驱动的科研模式有力地推动了新时代科研范式的变革。四是科学与社会的互动更加密切。发展学科及前沿领域愈加重要,与此同时,“互联网 +”正在改变科学交流生态，并且重塑了科学的边界，开放获取、开放科学、公众科学等都使得越来越多的非专业人士有机会参与到科学活动中来。

“中国学科及前沿领域发展战略研究（2021—2035)”系列成果以“中国学科及前沿领域2035发展战略丛书”的形式出版,纳入“国家科学思想库 - 学术引领系列”陆续出版。希望本丛书的出版，能够为科技界、产业界的专家学者和技术人员提供研究指引，为科研管理部门提供决策参考，为科学基金深化改革、“十四五”发展规划实施、国家科学政策制定提供有力支撑。

在本丛书即将付梓之际，我们衷心感谢为学科及前沿领域发展战略研究付出心血的院士专家，感谢在咨询、审读和管理支撑服务方面付出辛劳的同志，感谢参与项目组织和管理工作的中国科学院学部的丁仲礼、秦大河、王恩哥、朱道本、陈宜瑜、傅伯杰、李树深、李婷、苏荣辉、石兵、李鹏飞、钱莹洁、薛淮、冯霞，自然科学基金委的王长锐、韩智勇、邹立尧、冯雪莲、黎明、张兆田、杨列勋、高阵雨。学科及前沿领域发展战略研究是一项长期、系统的工作，对学科及前沿领域发展趋势的研判，对关键科学问题的凝练，对发展思路及方向的把握，对战略布局的谋划等，都需要一个不断深化、积累、完善的过程。我们由衷地希望更多院士专家参与到未来的学科及前沿领域发展战略研究中来，汇聚专家智慧，不断提升凝练科学问题的能力，为推动科研范式变革，促进基础研究高质量发展，把科技的命脉牢牢掌握在自己手中，服务支撑我国高水平科技自立自强和建设世界科技强国夯实根基做出更大贡献。

“中国学科及前沿领域发展战略研究（2021—2035）”
联合领导小组
2023年3月

前　言

粒子物理研究物质最深层次的结构和最基本的相互作用规律，与宇宙起源及演化密切相关，是人类认识物质世界最前沿的基础科学。自20世纪60年代初开始用粒子加速器开展粒子物理实验以来，人们在加速器实验中发现了大量的基本粒子，如顶夸克、粲夸克、陶轻子、W/Z玻色子、胶子及希格斯玻色子等。正是由于这些重大发现和突破，我们得以建立和完善粒子物理的标准模型，对物质世界深层次结构及这些基本粒子是如何构成物质世界的有了较深刻和全面的了解。

基于加速器的粒子物理实验聚焦粒子物理前沿最核心的科学问题，是研究粒子物理最有效的研究途径，具有科学前沿、技术尖端、规模庞大和多学科交叉的特点。基于加速器的粒子物理研究已经发展成全球性科学，其研究水平直接反映了一个国家乃至全人类的科技、教育、工业水平和经济发展等方面的综合能力。

过去的30多年，我国成功运行了北京正负电子对撞机（BEPC）/北京谱仪（BES）实验，完成了BEPCⅡ/BESⅢ实验的重大建造和升级改造，在强子物理、味物理的研究中取得了重大成果，引领了国际强子物理的研究。同时，我国也积极参与国际合作，如欧洲核子研究组织（CERN）的大型强子对撞机（LHC）上的实验、日本正负电子对撞机超级B介子工厂（SuperKEKB）上的Belle/BelleⅡ实验等，并在这些装置的建造、升级及物理研究中做出重要贡献，取得可喜的成就。

“中国基于加速器的粒子物理发展战略研究（2021—2035）”的研讨是在自2010年以来中国物理学会高能物理分会开展的粒子物理发展战略研讨基础上的延续和深化。经过多次学术研讨，专家们充分分析了粒子物理领域的重大科学问题及需要攻克的核心技术，国内外已有装置的现状和潜力，相关专家人才队伍等内容，并形成了书稿。

感谢中国物理学会高能物理分会前后几任领导持续10多年对中国高能物理发展战略的支持。感谢咨询专家和编写组全体成员的共同努力，感谢秘书组于项目执行期间在各方面事务的协调及对本书撰写的贡献。最后，感谢中国高能物理领域全体同仁和国际同行的支持。

赵政国

《中国基于加速器的粒子物理2035发展战略》编写组组长

2025年3月

摘　要

粒子物理学研究物质最深层次的结构和最基本的相互作用规律，与宇宙起源及演化密切相关，是人类认识物质世界和宇宙演化最前沿的学科。经过几十年的发展，人们在粒子物理领域取得了重大研究成果，构建了称为“标准模型”的理论物理模型。标准模型得到了大量的实验验证，获得了巨大成功。特别是，2012 年希格斯玻色子的发现是人类认识物质世界的一个里程碑，也为粒子物理学开辟了新的研究领域。即便如此，标准模型也面临着一些重大科学问题，如物质起源、基本作用力的统一、暗物质和暗能量、对称性破坏的起源等。解决这些问题将从根本上改进人类的时空观及对物质世界和宇宙演化的理解。

基于加速器的粒子物理实验研究聚焦于粒子物理前沿最核心的科学问题，在历史上取得了一系列重大研究成果，是粒子物理最有效的研究途径，具有不可替代性，其研究水平直接反映了一个国家的科学、技术、教育、经济实力等。基于加速器的粒子物理实验具有一系列独特性质：最前沿的基础科学问题和广谱的物理研究方向；极端条件下的精密实验测量，多领域尖端技术与方法的极限应用；大规模的国际合作；长周期的装置研制、成果产出及人才培养等。

基于加速器的粒子物理实验研究一直处于高新技术研发与应用

的前沿，不断挑战各种技术的极端性能，促生了大量原创性的变革技术，是推动高新技术发展的重要原动力之一，涉及粒子源，强流粒子束，束流监测和控制，超导高频腔，大型强磁场，超高真空，大尺度精密定时和测量，粒子探测和鉴别，快/微电子学，海量数据的获取、储存、传输和处理等不同方向与领域。这些技术在当今的高新技术产业、材料、国防、能源、深空与深地、生物、医学、成像和交叉等研究中具有广泛应用；基于加速器的粒子物理大装置及由此发展出来的大科学装置，如同步辐射光源、散裂中子源、空间的粒子和辐射探测装置等，已经成为研究物质多层次结构（原子、分子、材料、生物、天体及宇宙学）的基本手段，并促生和推动了诸多交叉学科和子学科的发展，培养了一批具有国际竞争力的综合性专家和技术人才；基于加速器的粒子物理实验研究的基础性与前沿性，及其以点带面和大规模国际合作，一直是国际交流的重要和独特的窗口，在当前错综复杂的国际环境中尤其宝贵；基于加速器的粒子物理研究对教育、科学、文化、卫生有巨大价值，相关的科普对提升公众科学素养具有不可替代的作用。

20世纪80年代末起，我国开始BEPC/BES实验，先后完成了BEPC/BES实验的重大建造任务和升级改造项目，在强子物理和味物理的研究中取得了陶轻子质量的精确测量、2～5 GeV R 值的精确测量、一系列XYZ粒子的发现、中子内部振荡结构的发现等重大物理成果，当前正在引领国际强子物理的发展。同时，我国也积极参与包括位于CERN的LHC上的ALICE实验、ATLAS实验、CMS实验和LHCb实验、日本SuperKEKB上的Belle/BelleⅡ实验、美国托马斯杰斐逊国家加速器装置（JLab）的GlueX实验等国际合作，在这些装置的建造、升级改造及一系列重大物理研究［如希格斯玻色子的发现和性质研究、电荷共轭－宇称对称性（CP）破坏的研究、多夸克态的发现等］中都做出了突出贡献。通过BEPC/BES实验的运行和积极的国际合作，我国在加速器、探测器、电子学及科学计算等关键技术的研发、设计和研制等方面积累了丰富的经验，储备了一批核心技术，也吸引和培养了一批具有国际竞争力的优秀人才。当前我国是国际上屈指可数的拥有完整的对撞机设计、建造、运行能力的国家之一，近年来在国际上各大实验合作中的地位也显著提升，实现了邓小平同志要求的“在世界高科技领域占有一席之地”的目标。

尽管如此，我国在该领域与发达国家还有较大差距，在加速器、探测器和电子学等方面鲜有原创性的关键技术；部分前沿核心技术、关键部件和相关仪器，特别是精密测量仪器和设计软件等，不能自主可控，面临被发达国家“卡脖子”的境况；国际领军人才、有影响力的学界领袖及获得的各种国际奖项偏少，我国科学家在国际上的影响力和发言权总体不足；更重要的是，在过去的几十年里，基于加速器的粒子物理的重大发现促成了标准模型的建立和一系列获诺贝尔物理学奖的成果，但我国对标准模型的建立基本没有贡献，严重影响了我国在该领域的国际地位。我国当前基于加速器的粒子物理研究现状与我国的国际地位明显不相称，不符合当前我国的科技战略目标和需求。另外，BEPCⅡ/BESⅢ实验于 2009 年开始运行，已成功运行约 16 年。BEPCⅡ于 2024 年 12 月完成升级改造，预期将质心能量 4 GeV 以上的亮度提高 3 倍，但与物理研究实际需求还有一定差距。由于受到场地和部分基础设施的限制，BEPCⅡ/BESⅢ装置没有进一步大幅度提升性能的空间和潜力，建造新一代的加速器设施迫在眉睫。

经过 10 多年来中国物理学会高能物理分会组织的粒子物理发展战略研讨，我国科学家在基于加速器的粒子物理的高亮度前沿和高能量前沿分别提出超级陶粲装置（STCF）和环形正负电子对撞机（CEPC）的倡议，并开展了可行性和部分前期预研工作，取得了一定进展，得到了国内外同行的大力支持。

STCF 是束流能量覆盖范围为 1～3.5 GeV、对撞峰值亮度高于 $5\times10^{34}\ \mathrm{cm^{-2}\cdot s^{-1}}$ 的新一代正负电子对撞机装置。STCF 的储存环为双环对称结构，周长约 1000 m；项目需预研 3～5 年，预研经费约 3.64 亿元；工程建设约 5 年，建设经费约 50 亿元。STCF 在设计时预留了未来进一步提升峰值亮度和实现束流极化的潜力。装置建成后将运行 10～15 年，升级改造后再运行约 10 年。STCF 将是世界上唯一运行在陶粲能区的正负电子对撞机装置，成为国际五大基于加速器的粒子物理研究中心之一，在陶粲物理强子物理等领域引领国际发展，具有重大科学发现潜力，覆盖重大前沿科学问题，包括强相互作用与强子结构、味物理和宇称对称性破坏、新粒子和超出标准模型新现象等。我国在陶粲领域的理论、实验及相关核心技术方面已有超过 30 年的研究经验和积累，在该研究方向处于国际先进水平，培养和聚集了一大批专家人才，已具备建造 STCF 的技术基础、人才队伍和研究实力。在我国建造 STCF 的倡议得到了国内外大学和研究单位的支持，意向性参与项目建造的国内外单位有 50 多个，包括 20 多个来自俄罗斯、英国、德国、法国、意大利、瑞典等国家的国际知名大学和研究所。

大型 CEPC 是束流能量覆盖范围为 45～120 GeV、对撞亮度为（5～115）$\times10^{34}\ \mathrm{cm^{-2}\cdot s^{-1}}$ 的新一代正负电子对撞机装置。CEPC 由直线加速器、增强器及局部双环结构的储存环组成，主储存环的周长为 100 km。项目预研已进行 8 年，预期将很快完成预研，工程建设 8～10 年，项目估计的建设经费约 360 亿元。CEPC 预期可以产生上百万个希格斯玻色子、上亿个 W 玻色子及上万亿个 Z 玻色子事例，还可以将束流能量升级到 180 GeV，产生数以百万的正反顶夸克对。CEPC 具有重大的科学发现潜力，主要科学目标涵盖质量与电弱自发破坏的起源、希格斯玻色子和第三代夸克的特性、强相互作用的本质及新物理等重大科学问题。CEPC 的科学寿命长达数十年，将成为国际粒子物理实验的旗舰设施，并将推动我国在国际粒子物理实验领域进入国际领先地位。未来，CEPC 可以升级为超级质子–质子对撞机，对撞能量可高达 100 TeV，超过 LHC 近一个量级。意向性愿意参加 CEPC 项目的国内外单位约有 200 个，包括来自英国、德国、法国、意大利、瑞士、俄罗斯、美国等 24 个国家的 140 多个大学和研究所。

STCF 和 CEPC 两个装置都是未来国际粒子物理领域的重要装置，具有重大科学意义。STCF 属于高亮度前沿，CEPC 属于高能量前沿，两者研究的基本粒子对象和相关重大科学目标不同，是不可相互替代的。当前，除中国外，世界上其他国家和地区也提出了类似的加速器装置项目计划。在高亮度前沿，俄罗斯也提出了超级陶粲装置（称为 SCTF）项目。该装置的基本物理参数和 STCF 类似，但能量覆盖范围为 2～6 GeV。受经济状况和国际环境的限制，在俄罗斯开展全面的 SCTF 项目预研究并取得实质性的研究进展困难重重。因此，俄罗斯的科学家和我国相关科学家在联合推动项目的预研和建造，2018 年以来每年轮流在中国、俄罗斯和西欧地区举行联合国际研讨会，同时也在物理、加速器、探测器方面开展实质性的合作和预研究。在高能量前沿，CERN 正在策划一个持续约 70 年的宏伟计划——建造未来环形对撞机（FCC）项目。FCC 项目的能量覆盖范围为 90 GeV～100 TeV，涵盖的装置包括正–负电子对撞（FCC-ee）、质子–质子对撞（FCC-pp）、重离子–重离子对撞（FCC-PdPd）、电子–质子对撞（FCC-ep）、电子–重离子对撞（FCC-ePd）等。FCC-ee 项目估算的投资经费是 116 亿瑞士法郎；FCC-pp 将在 FCC-ee 的基础上再增加投资经费 170 亿瑞士法郎。CERN 从 2021 年开始开展该项目的可行性研究，计划于 2025 年完成可行性研究报告；若获得批准，将在 2030 年开始 FCC-ee 项目的工程建设，预期

2045年开始运行至2060年，然后改造成强子对撞机，2070年开始运行至2090年以后。此外，我国科学家也在中高能核物理领域积极倡议中国电子-离子对撞机（EicC）项目及在粒子物理领域探讨更长远的缪子对撞机项目等。一系列相关项目，无论是在重大科学目标方面，还是在核心技术、人才队伍等方面，都与STCF和CEPC项目相互补充与促进。

面向未来，根据国家对基础研究和科技发展的战略需求、国内外粒子物理领域的研究现状和发展态势，结合我国当前的研究基础、人才队伍、技术储备、工业基础水平等综合实力，以及《中华人民共和国国民经济和社会发展第十四个五年规划和2035年远景目标纲要》、经济发展规模和对基础科学研究的投入等因素，我国应当采取稳健有效且具有前瞻性的战略规划，在保持现有国际先进、引领陶粲物理和强子物理研究的现状基础上，创造可持续发展生态，在整体上努力赶超国际先进水平，使我国的粒子物理实验研究从一席之地进入国际先进，并逐步发展到国际领先水平。为此，以过去10多年里中国物理学会高能物理分会领导下的粒子物理发展战略研讨为基础，聚焦基于加速器的粒子物理发展战略规划，项目组深入研讨了基于加速器的粒子物理研究的历史、现状及国内外发展趋势，细致分析了其核心科学问题、主要技术问题和国内外大型高能粒子物理对撞机实验的发展规划。基于专家研讨和深入分析的结果，结合我国实际情况，现就我国基于加速器的粒子物理发展给出如下战略性建议。

（1）鉴于基于加速器的粒子物理研究的基础性和前沿性、技术尖端性及在国家战略中的重要地位，结合我国在本领域的发展现状，综合国力及国际环境和发展态势，我国应当制定稳健、现实可行且具有前瞻性的战略规划，合理布局高能量前沿和高亮度前沿的规划，统筹国家各基金部门和地方政府的资助，相关研究单位的人才队伍和核心技术等资源，解决核心技术问题，培养和储备人才队伍，实现我国基于加速器的粒子物理研究的发展战略目标，达到国际领先水平。

（2）尽快启动高亮度前沿 STCF 大科学工程的预研及后续的建设任务，尤其是在地方政府同意大力支持的情况下，及时开展预研项目，争取尽快完成项目预研，并推动项目及时实施工程建设，保持我国在陶粲物理和强子物理领域的国际引领作用及在本领域的国际领先地位，并为我国后续的更大科学工程奠定技术和人才基础。

（3）积极开展高能量前沿的 CEPC 的可行性研究和预研究，解决核心技术问题，保障项目各项关键技术达到成熟完备的程度，培养和储备人才队伍，争取尽快完成预研，做好在获得国家专项资助的情况下能尽快投入工程建设的准备。由于 CEPC 与欧洲的 FCC 项目之间存在竞争，建议国家优先考虑支持，适时开工建设，使得我国在粒子物理领域的国际竞争中占据有利地位。同时也应该清楚意识到，由于技术研发进展、国际发展趋势、国家经济能力和国际环境等因素，我国未来在高能量前沿或许会面临建设本土的 CEPC 项目或参与建造 FCC 国际项目的选择。但不管哪种选项，我国都应该积极布局，在国际高能量物理前沿做出与我国国际地位相匹配的贡献。

（4）鉴于加速器大装置周期长、花费相对较大等特点，在国家投入有限的情况下应当积极鼓励地方政府或企业参与国家投资、参与加速器大装置实验设施关键技术预研和建造，建立起国家和地方政府共建大科学装置的机制，通过大科学装置建设带动地方科技和教育发展。

为此，为了创造一个稳健、可持续发展的战略生态，本项目就我国基于加速器的粒子物理研究领域提出如下政策建议。

（1）进一步加强中国新一代的加速器装置和相关国际合作科学研究基地的建设，结合《中华人民共和国国民经济和社会发展第十四个五年规划和 2035 年远景目标纲要》，积极牵头组织基于加速器的国际大科学计划和大科学工程，提升我国的基础研究能力和国际影响力，避免出现人才队伍流失或技术研发断层的局面。

（2）综合考虑我国在基础研究和科技发展的战略需求、本领域人才队伍和技术储备现状、我国工业基础等综合实力及国际发展态势，制定稳健、客观、切实可行且具有前瞻性的中长期战略规划，保障两个不同研究前沿的重大发展战略。

（3）重视和增强核心技术、前瞻性技术研究的投入与规模，突破与创新，提升原创能力，促进变革性技术，满足前沿基础研究需求，同时为相关领域提供技术支撑，服务于国家战略需求。

（4）加强国际合作，开展更广泛、深入的国际合作，与国际接轨，提升实质性的经费投入，拓展研究方向，提升研究水平和国际地位，并积极吸引国际政府和专家参与由我国发起的大科学工程建设。

（5）加强相关理论物理研究，培养思路活跃、具有挑战精神的理论学家和学术领袖，瞄准重大科学问题、难题提出科学思想和解决方案，争取重大突破。

（6）加强基础设施、测试平台的建设，提升研究平台性能，推动加速器物理和技术、探测器、电子学研发技术的发展。

（7）引入竞争机制，培养并吸引具有国际竞争力、掌握前沿技术和管理经验的青年科学家，特别是具有加速器、探测器、电子学、数据获取及传输、软件等方面技术专长和较大潜力的实验技术人才。

（8）开展大科学装置预研项目立项前的经费资助，由自然科学基金委、科技部等基金资助部门协调设立专项基金，支持未来可能的大科学装置的前期可行性研究和概念设计等，为大科学装置的落地建设创造良好环境。

Abstract

Particle physics studies the deepest structure of matter and the most fundamental laws of interaction, which play crucial roles in the understanding of the origin and evolution of the universe. It is the most advanced discipline representing mankind's understanding of the physical world and the evolution of the universe. After decades of development, significant achievements have been made in the field of particle physics, and a theoretical physics model, known as the standard model (SM), has been established. The SM verified by numerous experiments is a great success. In particular, the discovery of the Higgs boson in 2012 marks a milestone in the understanding of the physical world, and opens a new territory for particle physics research. In the meantime, the SM is also confronted with several critical scientific questions, e.g. the origin of matter, the unification of fundamental forces, the nature of dark matter and dark energy, the origin of symmetry breaking, etc. Addressing these questions will fundamentally improve our view of time and space, as well as our understanding of the physical world and the evolution of the universe.

The accelerator-based experimental particle physics research focuses on the core scientific questions of the particle physics frontier, and has made a series of significant achievements in history. It is the most effective means of research and has played an irreplaceable role in the field of particle physics. The research capability of accelerator-based particle physics experiments directly reflects the comprehensive strength of a country, including science, technology, education and economy etc. The accelerator-based particle physics experiments have a series of unique features. They address the most advanced fundamental scientific questions, and cover a broad spectrum of research programs. They carry out precision measurements under extreme conditions. They exploit the cutting-edge technologies and methodologies from multiple fields. They demand large-scale international collaboration, and require long cycle for facility R&D and construction, research outcome production, and talent training.

The accelerator-based experimental particle physics research has always been at the frontier of novel technology R&D and application. It constantly challenges limits of various technologies, and also cultivates a large number of innovative and transformative technologies. It has been one of the important driving forces to promote the development of advanced technologies in different directions and fields, including particle source, large-flux particle beam, beam monitoring and control, superconducting high-frequency cavity, large-scale strong magnetic field, ultra-high vacuum, large-scale high precision timing and measurement, particle detector and identification, fast/microscopic electronics, big data acquisition, storage, transmission, and processing etc. The technologies developed by the field of particle physics are widely used in the fields of high-tech industries, materials, national defense, energy, deep space and earth, biology, medicine, imaging and interdisciplinary etc. The particle physics facilities based on accelerators and their derived large scientific facility, such as synchrotron radiation light sources, spallation neutron sources, devices of space particles and radiation detection, have become the basic means to study the multi-level structure of materials (atoms, molecules, materials, biology and cosmology), have promoted many interdisciplinary fields and trained a group of comprehensive experts and talents with international competitiveness; The particle physics experiments are also the important and unique window for international cooperation, and are the particularly valuable in the current complex international environment. Finally, the particle physics experiments based on accelerator are of great values for education, culture and health.

Since the late 1980s, China has constructed the Beijing Electron Positron Collider (BEPC) /Beijing Spectrometer (BES) experiment and its upgrading projects, and has made significant achievements including the precision measurement of the tau lepton mass and the *R* value between 2 GeV and 5 GeV, the discoveries of a series of XYZ particles and the internal oscillation structure of nucleon etc. At present, BESⅢ experiment is taking the leading role in the hadron physics in the world. Meanwhile, China has actively participated in the international experiments, including ALICE, ATLAS, CMS and LHCb experiments on the Large Hadron Collider (LHC) at CERN, Belle/BelleⅡ experiments on SuperKEKB in Japan, GlueX experiments on JLab in the United States etc. Chinese scientists have not only made the great contributions in the facility construction and upgrade in these experiments, but also played important roles in the physics research, including the discovery and properties studies of the Higgs boson, the precision measurements on the CP violation, and the discovery of the multi-quark state, etc. Through hosting the BEPC/BES experiments and actively participating in the international experiments, China has accumulated rich experiences in the design, R&D, and key technology development for the accelerator, detector, electronics and scientific computing, has reserved a number of core technologies, and also has attracted and cultivated a number of outstanding talents with international competitiveness. At present, China is one of the few countries in the world that have the capabilities of independent design, construction and operation of the collider.

Even though, comparing to the developed countries, China still lags behind and has a long way to go in this field. There are too few original innovations in the key technologies of accelerator, detector and electronics; Some cutting-edge technologies, key components and relevant instruments, especially the precision measurement instruments and design software, cannot be developed independently and are facing the containment by developed countries; There are too few international-leading talents, academic leaders with global impact, and international awards. The overall influence and voice of Chinese scientists in the world are not significant; Moreover, in the past few decades, the significant discoveries made in the field of accelerator-based particle physics have led to the establishment of the SM and a series of Nobel Prizes in Physics. However, the contributions from China to the establishment of the SM is basically negligible, which has seriously affected China's international status in the field. The current status of accelerator-based particle physics obviously does not match the significance of a country with large territory, and does not fulfill the strategic needs of science and technology in China. In addition, the BEPCⅡ/BESⅢ experiment began operation in 2009 and has been running successfully for 16 years. BEPCⅡ was upgraded in December 2024 and is expected to increase luminosity by a factor of three at center-of-mass energy above 4 GeV. The upgrade project still does not fulfill the demand of future development of physics in the tau-charm energy region. Restricted by the site and its infrastructure, BEPCⅡ/BESⅢ has little potential to further improve their performance significantly. Therefore, it is imminent to propose a new generation of accelerator facilities in China.

After more than ten years of discussion and consultation on the development strategy in the particle physics field organized by High Energy Physics Branch of Chinese Physical Society (CPS), Chinese scientists have proposed the Super Tau-Charm Facility (STCF) in the high luminosity frontier and the Circular Electron Positron Collider (CEPC) in the high energy frontier, and have made significant progress in the feasibility studies and conceptual designs.

The STCF is a new generation of electron positron collider with a beam energy of 1～3.5 GeV, and a peak luminosity over 5×10^{34} $cm^{-2}\cdot s^{-1}$. The STCF storage ring has a symmetrical double-ring structure, with a circumference of approximately about 1000 meters. The STCF project requires 3～5 years and a cost of approximately 364 million RMB for pre-research. The construction of STCF will take around 5 years and cost about 5.0 billion RMB. STCF also reserves the potential to further upgrade on peak luminosity and beam polarization realization in the future. The STCF will operate for 10～15 years after construction, and prolong for about another 10 years after upgrading. The STCF will be the only electron positron collider operating in the tau-charm energy region in the world, and will become one of the five international research centers of particle physics based on accelerators. The STCF will lead the international development in the field of tau-charm physics and hadron physics, including the strong interaction and hadronic structure, flavor physics and CP violation, new particles and new phenomena beyond the SM etc. China has gained a good foundation in tau-charm physics theory, experiment and related key technologies in the past thirty years. A large number of researchers are also cultivated. Consequently, China has the well foundation in expertise, research team and strength for the STCF project. The initiative of constructing a STCF in China is supported by more than 50 domestic and international institutes and universities. More than 20 institutes from Russia, United Kingdom, Germany, France, Italy, Sweden etc. have expressed their intention of participating in the STCF project.

The CEPC is an electron positron collider with beam energy covering 45～120 GeV and a collision luminosity of (5～115)$\times10^{34}$ $cm^{-2}\cdot s^{-1}$. It consists of a linear accelerator, a booster, and a storage ring with partly double ring structure and 100 km circumference. The pre-research of the CEPC has been conducted for 8 years, and will be done very soon. The construction of the CEPC is expected to be within 8～10 years, and with a total cost of about 36 billion RMB. The CEPC can generate millions of Higgs bosons, billions of W bosons and trillions of Z bosons, as well as millions of top quark pairs with beam energy upgrading to 180 GeV. The CEPC has great scientific research potential, and its physics program covers the studies of the origin of mass and spontaneous breaking mechanism of electroweak, the properties of Higgs particles and the top quarks, the nature of strong interaction, new physics etc. The CEPC will become the flagship facility in the particle physics field in the world, and will promote China to be in the leading role in the international particle physics research. In the future, the CEPC can be upgraded to a proton-proton collider with center-of-mass energy up to 100 TeV, which is about one order higher than LHC in magnitude. About 200 domestic and international organizations are willing to participate in the CEPC project, including more than 140 universities and institutes from 24 countries, e.g., the United Kingdom, Germany, France, Italy, Switzerland, Russia, the United States, and so on.

Both the STCF and CEPC are the potential important facilities in the international particle physics research in the future. The STCF belongs to the high luminosity frontier region and the CEPC is in the high energy frontier region. The interested region of SM-particles and the scientific goals are different for the two projects, and these two cannot be replaced with each other. At present, apart from China, many other countries or organizations in the world have proposed the similar accelerator-based scientific projects. In the high luminosity frontier region, Russia has proposed the project of Super Charm Tau Factory (namely SCTF). The basic physical parameters and program of SCTF are similar to that of STCF. Therefore, the scientists from Russia and China reached an agreement to promote the pre-research of STCF/SCTF jointly. Since 2018, the joint international workshops were taken place in China, Russia and Europe by turns, and substantive cooperation in the pre-research were conducted. In the high energy frontier region, CERN is also promoting a great project, namely Future Circular Collider (FCC), which will sustain about 70 years. The energy coverage of the FCC ranges from 90 GeV to 100 TeV, and the facility includes different modes including Electron-Positron Collision (FCC-ee), Proton-Proton Collision (FCC-pp), Heavy Ion Collision (FCC-PdPd), Electron-Proton Collision (FCC-ep), Electron-Heavy Ion Collision (FCC-ePd). The cost of FCC-ee is estimated to be 11.6 billion Swiss francs; while the FCC-pp will increase cost by 17 billion Swiss francs based on the foundation of FCC-ee. CERN has conducted the feasibility studies of the FCC project from 2021, and planned to complete it and form a feasibility study report in 2025. If success, the FCC-ee will be launched for the construction from 2030, and will operate between 2045 and 2060. After that, the FCC will turn into a hadron collider, and begin to operate in 2070. In addition, Chinese scientists are also actively advocating the project of China Electron Ion Collider (EicC), as well as the project of Muon Collider for the long-term plan.

Looking into the future, based on the national strategic needs for fundamental research, the development of science and technology in China, the domestic and international research status and development trend in the particle physics fields, incorporating with the 14th Five-Year Plan, China should adopt a robust, effective and forward-looking strategic planning in particle physics research. China should keep the current leading role in the international tau-charm physics and hadron physics research. Meanwhile, China should produce a sustainable development ecology, and strive to catch up with and surpass the advanced world level comprehensively, stably maintaining the international leading level eventually. Therefore, based on the researches of particle physics development strategy under the leadership of High Energy Physics Branch of CPS in the past ten years, this project focuses on the strategic development planning of particle physics and accelerator, discusses deeply on the history, current status and domestic and international development trend, and carefully analyzes its key science and technology questions, the development strategy of domestic and international particle physics experiments. Based on the above researches, combining with the situation in China, we propose the following strategic suggestions on the development of accelerator-based particle physics research in China:

(1) In view of the fundamentality and innovation of the physics research, the advanced technology and its role in the national strategy, together with the current development situation, China should propose a robust, feasible and forward looking strategic planning in the particle physics research, make a rational road map for the development of scientific researches in the high energy frontier and high luminosity frontier, coordinate the funds from national agencies and local governments, organize the research teams and the key technologies resources. This planning can overcome the key technologies problems, cultivate and reserve research team, achieve the strategic goal in accelerator-based particle physics research, and approach to the international leading level in these research fields.

(2) Activate the pre-search of STCF and subsequent construction projects as soon as possible. Particularly with the condition of the strong support from the local government, we should carry out and complete the pre-research project as early as possible, and timely promote the construction project, remain the leading role in the international tau-charm physics and hadronic physics research, and make the technology and research team foundations for the subsequent scientific projects in

China.

(3) Actively perform the feasibility study and pre-research of the CEPC, overcome the core technologies, ensure that all the key technologies to be matured and completed, cultivate and reserve the research team, strive to complete the pre-research, and make the preparations for the construction as early as possible. Due to the existence of competition between the CEPC and the FCC projects, it is strongly recommended that the state gives high priority for the CEPC construction. Therefore, China will take a primary position in the international competition in the particle physics field. However, we also should clearly recognize that China may face the choice of constructing the CEPC in China or participating in the FCC international project in the future. Anyway, China should prepare in advance to make contributions that matched with international status of China in the high energy physics front.

(4) In view of the natures of long term and large cost of accelerator-based facilities, local governments or enterprises should be encouraged to participate in the facility pre-research and construction, considering the limited national investment. It is necessary to establish a mechanism for joint effects between the national and local governments for the large scale scientific facility, and to promote the development of local science, technology and education by the construction of these facilities.

Finally, in order to produce a stable, robust and sustainable strategic ecology, we recommend the following policies for the accelerator-based particle physics research in China:

(1) Further strengthening the construction of new generation accelerator facility and the international collaboration infrastructure for scientific research. In accordance with the 14th Five-Year Plan, actively taking the lead in organizing the accelerator-based big science research plans and projects internationally, improving the capability

of fundamental scientific research and international influence, and preventing the brain drain or technology R&D stagnates.

(2) Comprehensively considering the strategic needs for fundamental research and scientific and technological development in China, the current situation of talent team and technological reserves, the comprehensive strength in the industry and other aspects, as well as the international development trend, formulating a robust, subjective, effective and forward looking medium- and long-term strategic planning, ensuring the major strategic development in the two frontiers of the accelerator-based particle physics.

(3) Emphasizing and enhancing the investment and the scale for the core technology and forward-looking technology research, encouraging breakthroughs and innovations, improving the original innovate capability, promoting the development of transformative technologies, fulfilling the needs of cutting-edge fundamental research, and providing support for related fields to serve the national strategic needs.

(4) Strengthening international collaborations, performing more extensive and in-depth international cooperation, integrating with international standards, improving substantive investment, expanding research directions, improving research quality and international prestige, and actively attracting foreign governments and experts to participate in the construction of big-science projects initiated by China.

(5) Strengthening the theoretical physics research, cultivating theorists and academic leaders who are of proactive thinking and challenging spirit, proposing scientific ideology and solutions to the major or difficult scientific questions and striving for major breakthroughs.

(6) Strengthening the construction of infrastructure and testing platform, improving the performance of research platform, and promoting the development of physics and technologies of the accelerator, detector, and electronics etc.

(7) Introducing the competitive mechanism, cultivating and attracting young scientists with international competitiveness, advanced technology and management experience, especially technicians with technical expertise and great potential in accelerators, detectors, electronics, data acquisition and transmission, software, etc.

(8) Establishing special fund to support the pre-studies projects (including the feasibility study and conceptual design) of the large-scale scientific facility. The NSFC, the Ministry of Science and Technology and other funding agencies shall coordinate the efforts, and produce a good foundation and environment to construct the large-scale scientific facility.

目　　录

第一章

中国基于加速器的粒子物理领域的科学意义和战略价值

第一节　中国基于加速器的粒子物理领域研究的科学意义

物质科学研究自然界物质的微观结构、运动及其相互作用规律，是一切自然科学的基础。粒子物理学是物质科学领域的一个重要分支，研究和理解物质最深层次的结构和最基本的相互作用规律，与宇宙起源及演化密切相关，是人类认识物质世界和宇宙演化最前沿的学科。基于加速器的粒子物理实验通过加速器产生的极高能量的粒子束流对撞，创造出类似于宇宙大爆炸早期的高温、高密环境，通过高性能的射线探测装置高精度测量对撞后产物运动学量等相关信息，研究物质的微观结构和相互作用，探索宇宙早期演化的规律，是粒子物理实验领域不可替代的研究手段。

经过半个多世纪的发展，人们在粒子物理学领域不仅发现了数以百计不同种类的粒子，更厘清了这些粒子间的相互作用和转换关系，并总结为称作“标准模型”（standard model，SM）的物理理论模型。标准模型用简洁优美的数学形式描述微观世界，成功地统一了4种基本相互作用中的弱、电磁、强三种相互作用；它以极高的精确度，准确地预言、描述和诠释了几乎所有在基于加速器的粒子物理实验中观测到的物理现象，是人类有史以来最伟大的科技成就之一。粒子物理学标准模型的建立是第二次世界大战以来基础物理学发展的主旋律之一，至今有超过1/3的诺贝尔物理学奖与之直接相关，其中许多重要发现都是由基于加速器的粒子物理实验完成的。

标准模型取得了巨大成功。特别是，2012年希格斯玻色子（Higgs boson）的发现是人类认识物质世界的一个里程碑，为粒子物理的研究打开了新的篇章。[1,2] 即便如此，标准模型也面临一系列重大科学问题，其本身却很难被视为一个终极理论。首先，标准模型的建立需要19个基本的输入参数，包括各基本粒子的质量和相互作用强度。这些参数不能由理论计算得到，必须由实验测量获得，然后输入物理模型中。其次，标准模型具有一系列不完备性。例如，标准模型没有描述引力，也无法解释引力和其他3种相互作用在强度上存在巨大差异；标准模型无法解释基本粒子质量等级间的巨大差异，以费米子为例，最重的顶夸克和最轻的中微子的质量相差15个量级；标准模型无法就物质的起源、宇宙中物质–反物质的不对称性等给出令人满意的答案，更无法解释暗物质、暗能量、暴胀等一系列塑造宇宙形貌和演化的基本现象。最后，随着研究的深入，在实验中观测到了一些基本的物理现象。例如，中微子振荡实验确认了中微子拥有虽然微小但绝对不能忽略的质量[3,4]，缪子反常磁矩等[5,6]无法在标准模型的框架下给出合理的解释。这些疑难暗示必然存在比标准模型更基础的物理规律（又称新物理），而标准模型则是这个更基础物理规律在当前实验所能达到能标的有效理论。研究上述疑难和现象、精确检验标准模型及寻找超越标准模型的新物理现象是当今粒子物理研究最重要的前沿。

当前，粒子物理学涵盖的重大科学问题有：

（1）宇宙是如何产生的，以及是如何演化的？

（2）为什么宇宙正反物质不对称，是否存在反物质世界？

（3）自然界中是否还有未被发现的原理、对称性和规则？

（4）时间和空间的本质是什么？是否存在时间与空间的额外维度？

（5）宇宙的丢失质量是什么？如何解释宇宙中的暗物质和暗能量？

（6）是否所有的相互作用都可以被统一？

（7）质量的起源和电弱自发破坏的根源是什么？

（8）是否存在奇异物质，它们的特性是什么？

毫无疑问，对上述任何重大科学问题的解答将从根本上改进人类的时空观及对物质世界和宇宙演化的理解。基于加速器的粒子物理实验由于其一系列独特的性质，将为解决上述问题提供重要途径。2012 年希格斯玻色子的发现为粒子物理的研究开辟了新的领域。当前，基于加速器的粒子物理前沿研究聚焦在下面几个既互相关联又互相促进的重要方向。

1. 希格斯物理

希格斯场是标准模型中的质量之源，但是标准模型无法回答希格斯玻色子自身质量大小的问题。另外，希格斯玻色子与费米子的相互作用及希格斯玻色子自身的相互作用不同于已知的全新相互作用。因此，希格斯玻色子的发现使相关理论遇到了更大的挑战。系统、精确地测量希格斯玻色子的性质，包括质量、宽度、与费米子的耦合强度、自身耦合的大小等，有望回答粒子物理的一些基本问题。这些基本问题主要有：希格斯场是不是电弱对称性破坏的唯一起源；希格斯玻色子是基本粒子还是复合粒子；希格斯玻色子是否参与了全新的基本相互作用；希格斯玻色子的质量由什么机制确定；希格斯场标量势是否与标准模型预言的完全一致；希格斯场在早期宇宙演化（暴胀、物质产生）中扮演了怎样的角色；能否通过希格斯玻色子的产生及衰变行为发现包括暗物质在内的新粒子及相互作用……

2. 电弱及顶夸克物理

电弱统一理论是标准模型的两个组成部分之一。电弱相互作用的精确测量可以揭示高能区新物理可能存在的迹象，W/Z 玻色子和顶夸克性质的精确测量与希格斯玻色子性质的精确测量具有高度的互补性，三者的有机结合可以大幅度提升人类对微观世界的认知和探索超出标准模型新物理的潜力。

3. 电荷共轭–宇称对称性破坏

电荷共轭–宇称对称性（charge-conjugation parity，CP）破坏是导致宇宙正反物质不对称性的主要机制之一。[7] 但是，当前人类所认识的 CP 破坏程度远不足以解释宇宙中正反物质的不对称性，寻找和研究新的 CP 破坏来源及新的 CP 机制是粒子物理领域重要的研究方向。通常，CP 破坏过程与新物理紧密相关，对新物理高度敏感，是探测新物理的重要手段，与在高能量前沿（high energy frontier）的新物理直接探测形成互补关系。在味物理领域和通过CP破坏的精确测量探索新物理的独特优势是其可探测的新物理能量标度远高于同时期高能量前沿加速器能够达到的最高能量。

4. 强相互作用的色禁闭机制和强子结构

强相互作用的色禁闭机制的本质是粒子物理领域的重大难题，对理解早期宇宙演化和极端天体中的核物质结构具有重要意义。[8]为了最终全面理解色禁闭机制，当前对量子色动力学（quantum chromodynamics，QCD）的理论和实验研究包含了从高能量前沿到高亮度前沿（high intensity frontier）、从少体系统到集体现象、从形式理论到格点计算等广泛关联的问题，而对强子或核子内部结构的研究及非微扰强相互作用机制的理解是这些研究的关键之一。

5. 超出标准模型新物理的直接寻找

为了解决标准模型面临的种种疑难，科学家们倡议了多种超出标准模型新物理模型，如超对称模型[9,10]、复合希格斯玻色子模型[11]、额外维模型[12]等，而对这些模型的确立（或证伪）是至关重要的。在实验中研究和探寻这些模型预言的新粒子或新物理现象是对其开展检验的最直接手段，也是当今和未来很长一段时间内基于加速器的粒子物理实验最主要的科学目标之一。

高能粒子加速器设施一直是粒子物理实验领域前沿最核心的研究装置。基于加速器的粒子物理实验在粒子物理领域的发展过程中取得了一系列重大物理成果，包括发现希格斯玻色子、W/Z玻色子、顶夸克、粲夸克、陶轻子等，是研究粒子物理最有效的途径，具有不可替代性。按照相应实验能标分类，当今的基于加速器的粒子物理实验可以分为高能量前沿和高亮度前沿。两个不同前沿类型的实验互为补充、相辅相成，是探索微观物质结构不可替代的重要手段。

高能量前沿基于加速器的粒子物理实验要求加速器具备把粒子束加速到超高能量的能力，为在更宽的能量范围检验标准模型和寻找超越标准模型的新物理提供平台。当前，在高能量前沿正在运行的最高能量实验是位于欧洲核子研究组织（European Organization for Nuclear Research，CERN）的大型强子对撞机（Large Hadron Collider，LHC）实验。LHC实验是人类历史上规模最大、能量最高的对撞机实验。它不仅发现了希格斯玻色子，而且对新物理进行了全方位的扫描，将新物理的实验探测能标推动到太电子伏特以上。[13] 为了进一步发掘其物理研究潜力，LHC计划通过亮度和能量的升级获取更多（是目前已有数据的20倍左右）的高能量数据。[14] 同时，为了瞄准更高的测量精度和更高的新物理能标，全球高能物理学界倡议了多个新的大型高能量前沿的对撞机项目，其中正负电子对撞机希格斯工厂瞄准标准模型的核心，和LHC实验高度互补，被欧洲粒子物理战略规划等认为是未来高能量前沿发展的最高优先级。[15] 正在讨论或开展预研的正负电子对撞机希格斯工厂包括我国高能物理学界倡议的环形正负电子对撞机（Circular Electron-Positron Collider，CEPC）[16-18]、CERN倡议的未来环形对撞机（Future Circular Collider，FCC）[19]、紧致直线对撞机（Compact Linear Collider，CLIC）[20]，以及日本有意承建的国际直线对撞机（International Linear Collider，ILC）。[21]

高亮度前沿粒子物理实验通过大幅度提升对撞机的峰值亮度，积累超高统计量的数据，精确测量粒子的产生与衰变机制，挑战强相互作用中的夸克禁闭本质及强子结构中的疑难问题，精确检验标准模型和探寻超越标准模型的新物理。高亮度前沿粒子物理的一个显著特性是其对新物理敏感能标可以远超过同时期高能量前沿实验能够直接达到的能标。通常，高亮度前沿的实验类型比较丰富，包含不同类型的对撞粒子束及不同类型的对撞模式。另外，由于基本粒子的质量等级差别极大，需要加速器运行于不同的能区，产生海量不同类型的基本粒子。当前，高亮度前沿的实验有正在运行的第二代北京正负电子对撞机（Beijing Electron Positron Collider Ⅱ，BEPCⅡ）上的第三代北京谱仪（Beijing Spectrometer Ⅲ，BESⅢ）实验[22]、LHC 上的 LHCb 实验[23,24]、2019 年开始运行的日本超级 B 工厂（SuperKEKB）的 BelleⅡ实验[25]、位于美国托马斯杰斐逊国家加速器装置（Thomas Jefferson National Accelerator Facility，JLab）的 GlueX 实验[26]、正在建造的德国反质子与离子研究装置（Facility for Antiproton and Ion Research，FAIR）上的 PANDA 实验[27]，以及未来可能建造的超级陶粲装置（Super Tau-Charm Facility，STCF）[28]等。不同类型、不同能区的实验各有独特性质，在高亮度前沿形成了相互竞争、协同和互补研究态势，共同探索相关前沿科学问题，缺一不可。

总体而言，基于加速器的粒子物理实验研究聚焦于粒子物理前沿的核心科学问题，通过建造高能粒子加速器设施和高精度多功能粒子探测谱仪及开展相关实验，探索微观物质世界的最基本规律，寻找暗物质和暗能量等新物理存在的关键证据，理解早期宇宙中物质起源和演化，最终实现人类对物质世界认知的重大突破。这些核心研究方向相互交叉融合、相互促进，共同构成了粒子物理前沿丰富的物理研究内涵及健康蓬勃的学术生态和范式，具有重大科学意义。

合理布局和前瞻规划基于加速器的粒子物理实验研究，建设我国基于加速器的粒子物理实验装置和研究基地，对实现我国在基础物理研究领域的跨越式发展、打造原始创新策源地、率先建设国际一流高能物理研究机构、开展前沿领域的技术创新、培养国际一流高科技人才具有不可替代的重要战略意义。

第二节　中国基于加速器的粒子物理领域的战略价值

基于加速器的粒子物理实验具有一系列独特性质：最前沿的基础科学问题和广谱的物理研究方向；极端条件下的高精度实验测量，多领域尖端技术与方法的极限应用；大规模的国际合作；长周期的装置建造、成果产出及人才培养……因此，开展基于加速器的粒子物理实验研究具有重大战略价值和科学意义。

粒子物理研究本身具有重要科学价值。粒子物理是人类认识物质微观世界的最前沿，核心目的是揭示物质最基本的组成单元及其相互作用规律，是其他前沿学科研究的基础。粒子物理是现代物理学发展的主旋律之一，获得了巨大成就，直接推动了基础物理学的发展。粒子物理的基本理论工具是量子场论，其应用范围已远远超越粒子物理领域范畴，在凝聚态物理等前沿领域广泛应用，并发挥着重要作用。

作为基础研究前沿和现代物理学的主要分支，粒子物理为其他相关学科的发展奠定了基础，提供了必要工具，在科学研究和技术发展中起到了旗舰性的带动作用。粒子物理促生了大量交叉学科和子学科，包括科研导向的粒子天文学、粒子宇宙学、宇宙线观测、空间实验等，并推动了这些新学科发展，全方位开展物质科学研究；应用平台导向的高能同步辐射光源、X射线自由电子激光、散裂中子源等大科学装置研究平台已经成为研究物质多层次结构（如原子、分子、材料、生物、天体及宇宙学等）的基本手段。另外，这些学科间的思想、人才、方法与技术的交流已经构筑了一个健康完整的生态和自主创新技术平台，为基础研究带来勃勃生机。

粒子物理研究需要建造大规模的、极端的、可控的环境，以模拟宇宙大爆炸早期高温、高密状态，需要应用大量高精尖科学技术，涉及粒子源、强流粒子束、束流监测和控制、超导高频腔、大型强磁场、超高真空、大尺度精密定时和测量、粒子探测和鉴别、快/微电子学、海量数据的获取、储存、传输和处理、精密加工等不同方向和领域。粒子物理实验研究对各种技术性能的挑战已经成为促进新技术发展的重要原动力之一，促生了大量原创性、变革性的关键技术的研发，推动先进技术在当今的高新技术产业、材料、国防、能源、深空与深地、生物、医学、成像和交叉等不同领域的广泛应用。这些技术的发展和应用具有巨大的社会价值和经济价值。

鉴于极端的运行环境和高精度、大规模的研究需求，在粒子物理实验中使用的高性能仪器设备和软件工具等无法从商业中直接获取。因此，粒子物理实验研究必须自行研发相关技术与方法，设计和制造相关设备、工具及软件等。粒子物理实验领域需要培养和拥有一支强大的、跨学科的技术研究队伍，拥有深厚的技术储备，具备自主研发能力。由粒子物理实验领域研发的技术和产品，可以直接应用于其他学科，推动相关科研走向国际市场，并推动经济发展。例如，为中微子实验开发的微通道板技术可以应用于高效率光电管，也可以应用于夜视仪，直接运用于科研、国防及国民生活；为对撞机研发的高性能微波超导腔也可以应用于高能光源和量子计算等项目。

粒子物理领域对教育、科学、文化、卫生也具有巨大价值。粒子物理聚焦自然界最基础的科学问题，不仅反映了人类对未知领域的好奇心，而且反映了科学研究巨大的原始创新驱动力；与之相关的科普对提升公众科学素养具有不可替代的作用，如CERN是当代最具影响力的科学标志之一。自主建造大型加速器科学装置对我国倡导科学精神、加强民族自信心和凝聚力具有极其重要的意义。

粒子物理研究拥有大规模的国际合作的传统和成功经验，高效的国际合作是BEPC/BES、LHC和未来大型对撞机等实验成功实施的必要条件。通过参与大型国际合作实验、承担核心设备的研发和建造任务，可以为我国在新一代加速器、探测器和读出电子学等领域培养一批具有国际视野和竞争力的专家与技术人才，建立相关的实验室、测试平台、数据库系统及软件工具，掌握核心技术和关键工艺，拥有新器件设计和研制能力，从而逐渐形成自主的核心技术和器件研发及应用生态系统，突破国际禁运，推动我国在关键材料与器件、技术和方法的全面发展，并辐射至其他领域。粒子物理研究的基础性和广泛的国际合作使得其在相对错综复杂的国际政治环境中也能够成为科技交流的宝贵窗口。

大型对撞机是粒子物理研究的核心实验设备，也是吸引全球高水平创新人才的高地。大型对撞机关注的科学问题越基本、需求的技术水平越高超、设备的性能指标越优异，对人才特别是顶尖人才的吸引力就越大。事实上，粒子物理研究的全球整体格局基本由大型对撞机的分布决定：全世界大部分的粒子物理学家及技术人才都在围绕大型对撞机进行科学探索和技术创新。例如，

CERN 目前拥有人类最先进、最强大的大型强子对撞机 LHC，本身有雇员 2500 名，同时吸引了全球近 2 万名高水平科技工作者参与科学研究和技术创新。高水平的对撞机项目可以成倍放大与之相关的高水平智力资源。

近年来，自然科学与工程技术的发展面临诸多重大挑战，各发达国家为了保持在前沿科技领域的核心竞争力，纷纷提出大科学装置的升级、预研或新建计划，并且积极围绕大科学装置集群开展综合性科学研究基地的布局与建设。2013 年 7 月 17 日，习近平总书记访问中国科学院高能物理研究所，在视察完北京正负电子对撞机（Beijing Electron Positron Collider，BEPC）等大科学装置后，对中国科学界提出了“四个率先”的要求：率先实现科学技术跨越发展，率先建成国家创新人才高地，率先建成国家高水平科技智库，率先建设国际一流科研机构。在该形势下，国务院于 2013 年印发的《国家重大科技基础设施建设中长期规划（2012—2030 年）》中明确指出了重大科技基础设施是为探索未知世界、发现自然规律、实现技术变革提供极限研究手段的大型复杂科学研究系统，是突破科学前沿、解决经济社会发展和国家安全重大科技问题的物质技术基础。党的十八届五中全会公报中提到一个要点，“坚持创新发展，实施一批国家重大科技项目，组建一批国家实验室，提出并牵头组织国际大科学计划和大科学工程”；紧随其后，国务院于 2018 年 3 月印发了《积极牵头组织国际大科学计划和大科学工程方案》的通知（国发 [2018]5 号），明确提出我国要积极牵头组织国际大科学计划和大科学工程建设。一系列提议都是由党中央、国务院直接作出的重大决策与部署，体现了大科学装置的战略地位和我国政府对重大科学技术基础设施建设的高度重视。基于加速器的粒子物理实验不仅是基础科学前沿研究的大国重器，也是集聚国际高端科技人才和创新研发尖端技术的大平台，是典型的大科学装置。当代基于加速器的粒子物理实验研究是全球合作、多学科与多技术综合及多领域交叉的科学实验研究，是大国行为，其研究水平反映了一个国家乃至人类的经济、科学技术和教育等方面的综合水平。我国粒子物理实验研究的发展战略目标是，以《中华人民共和国国民经济和社会发展第十四个五年规划和2035年远景目标纲要》及国家在基础研究和科技领域的战略为基础，瞄准粒子物理的重要前沿科学问题，通过制定稳健且具有前瞻性的战略规划，并合理安排和有序实施，建设国际一流的大科学装置，推动我国粒子物理领域的研究进入国际领先地位，形成新的国际科学研究中心。

第二章

中国基于加速器的粒子物理领域的现状及其形成

第一节　中国基于加速器的粒子物理领域的形成

一、国际历史上建造的代表性的加速器及其主要成果

粒子加速器技术诞生于20世纪20年代。经过一个世纪的发展，粒子物理学家已经将加速器从用以把粒子束加速的简单装置发展成能够精准操控与测量粒子行为的极复杂、精密的大科学研究装置。在粒子加速器技术的发展过程中，欧洲、美国、日本等地区和国家先后建造了数十台质心能量和规模大小不一、科学目标各异的粒子加速器装置，其中很多装置在粒子物理学的发展史和科技发展方面具有举足轻重的地位，下文列举了一些取得了重

大科学成果或具有代表性成果的加速器装置。

（1）电磁型同位素分离器（Calutron）。[29] 电磁型同位素分离器是重离子回旋加速器，由美国建造，位于美国田纳西州橡树岭的 Y-12 工厂。在曼哈顿计划期间，该加速器曾用于大规模铀浓缩，在第二次世界大战后又长期为医用目的分离同位素。工作年份为 1943～1998 年。

（2）95 英尺① 回旋加速器。[30] 95 英尺回旋加速器是质子回旋加速器，由美国建造，位于美国哈佛大学加速器实验室。科研人员在此加速器上发展出了临床质子治疗技术。工作年份为 1949～2002 年。

（3）交变梯度同步加速器（Alternating Gradient Synchrotron，AGS）。[31] 交变梯度同步加速器是强子同步回旋加速器，由美国建造，位于美国纽约州长岛的布鲁克海文国家实验室（Brookhaven National Laboratory，BNL）。1974年，华人科学家丁肇中带领的实验团队在此加速器上发现了 J 粒子（粲夸克偶素粒子），与里克特（B. Richter）② 共同获得了 1976 年的诺贝尔物理学奖。此外，科研人员在这台加速器上也发现了 K 介子的电荷共轭-宇称对称性破坏、缪子中微子等重大科学成果。当前，它用作相对论性重离子对撞机（Relativistic Heavy Ion Collider，RHIC）的注入系统。工作年份为 1960 年至今。

（4）负氢离子回旋加速器。[32] 负氢离子回旋加速器由加拿大建造，位于温哥华的加拿大最大核与粒子国家实验室 Tri-University Meson Research Facility（TRIUMF），是世界上最大的回旋加速器，推动了同位素科学和技术在基础研究与应用方面的发展，是从核与粒子物理到生命与材料科学的跨行业和跨学科的典范。工作年

---

① 1英尺=0.3048 m。

② 他们发现的是同一粒子，即J/ψ粒子。

份为 1974 年至今。

（5）正负电子串联环形加速器（PETRA）。[33] 正负电子串联环形加速器是正负电子对撞机，由德国建造，位于德国汉堡的电子同步加速器研究所（Deutsches Elektronen Synchrotron，DESY）。华人科学家吴秀兰、丁肇中等在此加速器上发现了胶子喷注。工作年份为 1978～1986 年。

（6）康奈尔电子储存环（CESR/CESR-c）。[34] 康奈尔电子储存环是正负电子对撞机，由美国建造，位于美国康奈尔大学。科研人员在此加速器上首先发现了 B 介子衰变，为加速器物理和技术发展做出重大贡献。工作年份为 1979～2008 年。

（7）超级质子同步加速器（SPS）。[35] 超级质子同步加速器是质子–反质子对撞机，由欧洲建造，位于 CERN，科研人员分别于 1982 年和 1983 年发现 W 玻色子和 Z 玻色子。目前，它为 NA61/SHINE、NA62 和 COMPASS 实验提供质子束流，以及作为大型强子对撞机 LHC 的增强器（boost）系统。工作年份为 1976 年至今。

（8）大型正负电子对撞机（Large Electron-Positron Collider，LEP）。[36] LEP 是正负电子对撞机，由欧洲建造，位于 CERN。它运用的隧道是大型强子对撞机 LHC 的前身，是人类迄今建造的最大、能量最高的正负电子对撞机，对 Z 玻色子、W 玻色子质量等标准模型重要参数的精确测量做出过重大贡献。工作年份为 1989～2000 年。

（9）太电子伏特加速器（Tevatron）。[37] 太电子伏特加速器是质子–反质子对撞机，由美国建造，位于美国费米国家加速器实验室（Fermi National Accelerator Laboratory，FNAL）。科研人员在此加速器上先后发现了顶夸克和陶中微子、精确测量了 W 玻色子的质量等。工作年份为 1992～2011 年。

（10）B 粒子工厂 PEP-Ⅱ。[38] PEP-Ⅱ是正负电子对撞机，由美国建造，位于美国斯坦福直线加速器中心国家加速器实验室（SLAC National Accelerator Laboratory，SLAC）。科研人员在此加速器上（共同）发现了 B 介子的电荷共轭-宇称对称性破坏等。工作年份为 1998～2008 年。

（11）B 粒子工厂 KEKB/SuperKEKB。[39,40] KEKB/SuperKEKB 是正负电子对撞机，由日本建造，位于日本筑波的日本高能加速器研究机构（High Energy Accelerator Research Organization，KEK）。科研人员在此加速器上长期保持正负电子对撞机实验亮度，（共同）发现了 B 介子的电荷共轭-宇称对称性破坏等。工作年份为 1999 年至今。

（12）BEPC。[41,42] BEPC 是正负电子对撞机，由中国建造，位于中国科学院高能物理研究所，在陶轻子质量测量、R 值测量、Zc 粒子发现等研究中获得重大研究成果。工作年份为 1988 年至今。

（13）相对论性重离子对撞机（RHIC）。[43] 相对论性重离子对撞机是重离子对撞机，由美国建造，位于美国纽约州长岛的布鲁克海文国家实验室。此对撞机对夸克-胶子等离子体、QCD 相变等的研究做出了重大贡献。工作年份为 2000 年至今。

（14）大型强子对撞机（LHC）。[44] 大型强子对撞机为强子对撞机，由欧洲建造，位于 CERN，是人类迄今建造的规模最大、能量最高的强子对撞机。科研人员在此加速器上发现了希格斯玻色子、五夸克态、D 介子的电荷共轭-宇称对称性破坏等重大成果。工作年份为 2008 年至今。

加速器装置对粒子物理学的实验发现、精确测量及标准模型的建立至关重要，具有不可替代的作用。粒子物理前沿实验研究的需求，促进了加速器物理和技术不断更新换代。同时，加速器技术的发展也促进了加速器装置在其他大科学工程中的应用，包括同步辐射、自由电子激光和散裂中子源等。

二、中国基于加速器的粒子物理的发展历史

中国基于加速器的粒子物理领域最初形成于20世纪70年代，得到了周恩来总理等国家领导人的大力支持，也经历了“八七工程”等困难时期。最后，在李政道先生和潘诺夫斯基（W. K. H. Panofsky）教授等一批国内外粒子物理学家的积极推动下，国家批准了建造BEPC的提案。[45] 邓小平同志对高能对撞机项目做出了高瞻远瞩的决策和前后一贯的支持，发表了著名的“中国必须在世界高科技领域占有一席之地”的重要讲话。1984年10月7日，BEPC工程正式破土动工，与之配套的高能物理实验探测器北京谱仪（Beijing Spectrometer，BES）[46] 也同时开始建造；1988年10月16日，建成后的BEPC实现首次对撞。对撞成功后，BEPC的瞬时亮度迅速达到设计指标。1991年，北京正负电子对撞机国家实验室成立。1995年，BEPC和BES实验开始升级改造。经过三年的努力，BEPC的亮度提升了一倍，第二代北京谱仪（BESⅡ）的性能也有很大提升。[47] BEPC的顺利建造和成功运行，使得我国在国际粒子物理领域的陶粲能区的研究占据了国际领先地位，为我国开展基于加速器的粒子物理研究和一系列加速器装置的建造和发展奠定了良好基础。

正是由于BEPC的建造，中美两国开启了一年一度的中美科技合作会谈，极大地促进了两国关系的发展。

2004～2008年，中国的科研人员对BEPC进行了重大改造，建成了BEPC的升级版对撞机BEPCⅡ，并使之成为粲物理能区国

际领先的双环、多束团、小交叉角对撞机，设计的对撞亮度比改造前提高了100倍。同时，我国的科研人员也自主设计和研制了第三代北京谱仪（BESⅢ）[48]，性能达到世界先进水平。2016年4月，BEPCⅡ的对撞亮度达到设计指标，创造了该能区对撞亮度的世界纪录。2011年，中国科学院高能物理研究所和中国科学技术大学联合成立了核探测与核电子学国家重点实验室，为我国的射线探测技术和电子学技术的发展及人才的培养提供了重要基地。30多年来，北京正负电子对撞机和北京谱仪实验获得了一系列重要研究成果，培养了一大批加速器、探测器、电子学、数据获取和物理分析、计算机软件系统、系统运行和维护等专业人才，不仅为国内粒子物理实验的蓬勃发展打下了坚实的基础，而且为国内其他大科学工程项目和各高校培养了大批具有国际竞争力的骨干人才。

在高能物理国际合作方面，早在改革开放初期的1978年1月，国内就已派遣首批高能物理学家到德国电子同步加速器研究所参加由丁肇中先生领导的Mark-J实验。中国的科研人员参与了Mark-J探测器的设计、建造和运行，对胶子的发现做出了重要贡献。1982年，中国科学院高能物理研究所和中国科学技术大学等单位参与了CERN大型正负电子对撞机上的L3实验和ALEPH实验，对L3量能器和ALEPH时间投影室（time projection chamber，TPC）的设计、建造和运行及实验数据分析等都做出了重要贡献。其间，中国科学院上海硅酸盐研究所为L3实验研制和生产了大量的锗酸铋（BGO）晶体，开启了国内无机晶体产业的发展进程。今天，中国在国际上无疑是无机晶体研制的领导者之一，所生产的产品在国际市场上占据了重要份额。

得益于高能物理实验的国际合作，我国率先在基础研究领域引进了一批国外的先进设备和技术，包括先进加速器、探测器、计算机和网络技术等。1992 年，中国科学院高能物理研究所建成我国第一个电子邮件服务器，并且发送出中国的第一封电子邮件；1994 年，中国科学院高能物理研究所又建成国内第一台互联网服务器。

2000 年底 LEP 实验结束后，CERN 在同一个隧道里开始建造当今世界规模最大、对撞能量最高的大型强子对撞机 LHC。中国的研究机构自 1999 年起陆续加入 LHC 的四大实验组（ATLAS 实验、CMS 实验、LHCb 实验、ALICE 实验）。最初参与的骨干人员有 20 多名。在经历了 20 多年的快速发展和研究队伍的扩充后，2020 年，LHC 中国组已经成为拥有 100 多名骨干成员的重要研究力量。来自中国科学院高能物理研究所、北京大学、清华大学、中国科学技术大学、中国科学院大学、南京大学、山东大学、上海交通大学、复旦大学、浙江大学、北京航空航天大学、华中师范大学、武汉大学、中山大学、华南师范大学、南京师范大学等单位的研究骨干，加上工程师、技术人员、博士后和研究生，共同组成的 LHC 中国组的团队总规模已接近 400 人。

此外，中国科学家还广泛参与了美国费米国家加速器实验室的 Tevatron/D0 和斯坦福直线加速器中心的 PEP-Ⅱ/BaBar、日本的 KEKB/Belle 和 SuperKEKB/BelleⅡ、德国的 PANDA、美国的 GlueX 等对撞机实验。

在此基础上，我国也与其他国家和科研团体开展广泛国际合作。2007 年，中国科学家与法国科学家共同成立了中法粒子物理联合实验室（FCPPL），极大地促进了中法粒子物理实验领域特别是 LHC 实验团队之间的深度合作，并开展了广泛的学术交流和人才联合培养。

得益于中国在粒子物理学领域的快速发展，中国粒子物理学领域的科研产出也逐年增加。为方便粒子物理学家开展更有效的科学交流，1977 年，《高能物理与核物理》中英文期刊创刊；2008 年，《高能物理与核物理》改为英文期刊，刊名为 *Chinese Physics C*（《中国物理 C》）。其后，国际粒子表数据手册（Particle Data Group，PDG）连续 2 次（2016 年、2018 年）发表在《中国物理 C》上，大幅度提升了刊物的国际知名度和引用率。2017 年，中国的粒子物理学界又创立了期刊 *Radiation Detection Technology and Methods*（《辐射探测技术与方法》），极大地推动了探测系统方面的研究进展，方便了交流。

第二节　中国基于加速器的粒子物理领域的现状

中国基于加速器的粒子物理实验领域的研究包括基于国内大科学装置的研究和基于国外大科学装置的国际合作两个方面。基于国内加速器的粒子物理研究相对比较单一，仅限于基于北京正负电子对撞机（BEPC、BEPCⅡ）上北京谱仪（BES、BESⅡ、BESⅢ）实验的研究；在国际合作方面，我国则广泛地参与了当前世界上主要的高能量前沿和高亮度前沿的实验研究。除此之外，近年来，我国也发起或参与了多个未来的国际基于加速器的粒子物理实验装置的预研工作。

一、基于国内加速器的粒子物理研究

北京正负电子对撞机是我国唯一的用于开展粒子物理实验研究

的加速器装置，运行在上面的北京谱仪是我国唯一的基于加速器的粒子物理实验装置。1984 年开始建造的 BEPC 是一台单个储存环对撞机。随着强子谱学和重味夸克衰变等实验研究的深入，人们意识到了在陶粲能区建造一台更高亮度的对撞机的重要性。2003 年，中国科学院高能物理研究所在 BEPC 原址上建造了第二代北京正负电子对撞机（BEPCⅡ），采用当时国际上最先进的双储存环、多束团和小交叉角对撞模式。BEPCⅡ的设计峰值亮度为 $1 \times 10^{33}\ \mathrm{cm}^{-2} \cdot \mathrm{s}^{-1}$，比 BEPC 的提高了 100 倍。与新一代 BEPCⅡ对应，我国自主设计并于 2008 年成功建造了一台全新的粒子探测装置北京谱仪，称为 BESⅢ，并且于 2009 年 8 月正式开始获取数据。迄今，BESⅢ实验已经运行约 17 年，取得了丰硕的物理成果，在类粲偶素、粲偶素物理、轻强子谱学、粲强子衰变的精确测量、重子/超子物理、QCD 及新物理等方面取得了令人瞩目的成果[49]，在各个相关领域得到世界同行的关注。随着数据量的增加，BESⅢ实验除了按照预期完成相关研究外，还获得了许多非预期的物理成果，吸引了更多的国内外高能实验物理学家参与到 BESⅢ国际实验的研究中。2019 年，BESⅢ未来物理研究白皮书通过国际评审，于 2020 年正式发布。[50] BESⅢ物理白皮书除了总结 BESⅢ已经获得的成功外，还提出了要完成 BEPCⅡ能区丰富的物理课题，需要对加速器、探测器开展必要升级，以满足未来 BESⅢ实验至少运行至 2030 年前后的需求。

北京谱仪实验是改革开放以来中国与国际接轨的第一个高水平、规范化的国际合作科研项目。北京谱仪国际合作组的规模也从最初的中美两国的 10 家单位的不足 150 人发展到如今的 15 个国家的 75 家单位的超过 500 位科学家参与。其中，国际科研单位和人员的数量占比均超过了 1/3。BESⅢ国际合作组已经形成一个受国际关注的大型国际实验组，研究工作极其活跃，成果显著，每年收到高能物理领域的国际大型会议邀请百余次，平均每年发表重要实验数据论文 40 篇左右，其中 1/5 的工作成果发表在 *Physics Review Letters*（《物理评论快报》）上。BESⅢ实验还为我国粒子物理领域培养了一批高素质的优秀青年人才，培养了我国本领域实验方向的第一位博士、博士后，凝聚了一大批优秀的加速器、探测器、核电子学、物理数据分析等专业人才，也为我国的其他高能物理实验及相关领域的研究奠定了坚实的人才基础并提供了技术支撑。下面简单介绍我国北京正负电子对撞机 / 北京谱仪的实验现状。

（一）北京正负电子对撞机

北京正负电子对撞机和北京谱仪及其升级版位于中国科学院高能物理研究所北京玉泉路园区内。当前运行的 BEPCⅡ是双环多束团对撞机，由三大部分组成，包括正负电子注入器、束流输运线和粒子束团储存环，如图 2-1 所示。安装在地下隧道里的正负电子注入器为总长 202 m 的直线加速器，能够将正负电子的能量按实验需求直接加速到 1.0～2.45 GeV。北京正负电子对撞机中的电子（e^-）是由热阴极电子枪产生后再加速，而正电子（e^+）由能量为 0.24 GeV 的电子束轰击约 1 cm 厚的钨靶产生后再收集和加速。经过直线加速器加速的正负电子由束流输运线分别注入两个不同的储存环中。储存环的周长为 240 m，正负电子束团分别在储存环中积累后以光速运动，最后在对撞点对撞。表 2-1 列举了 BEPCⅡ的主要性能参数。

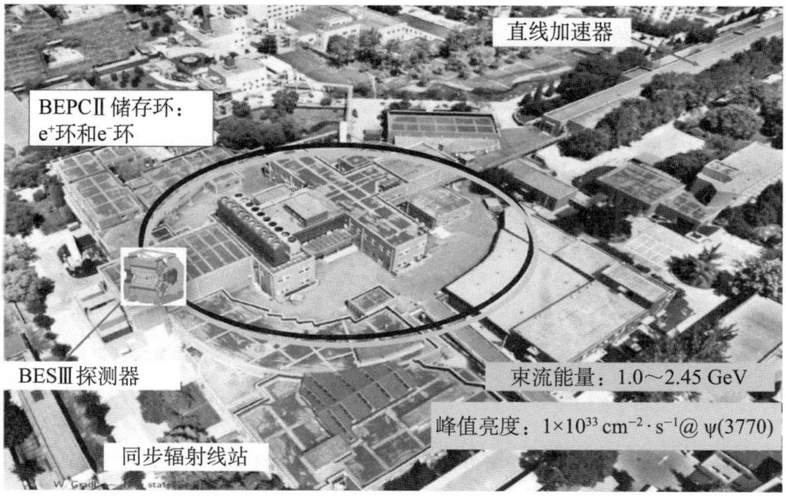

图 2-1　BEPCⅡ/BESⅢ鸟瞰图

表 2-1　BEPCⅡ的主要性能参数

参数	指标（对撞模式）
束流能量 /GeV	1.0～2.45
设计亮度（E_{beam}=1.89 GeV）/（$cm^{-2}\cdot s^{-1}$）	1×10^{33}
射频频率 /Hz	499.8
射频电压 /MV	1.5
对撞周期 /ns	8
储存环长度 /m	237.53
束团数目 / 个	93
束团交叉角 /mrad	2×11
注入能量 /GeV	1.0～2.45
正电子注入速率 /（$mA\cdot min^{-1}$）	50

2016 年 4 月 5 日，BEPCⅡ在质心能量 3.773 GeV 达到设计对撞亮度 $1\times10^{33}\ cm^{-2}\cdot s^{-1}$。为了提升装置潜力，2019 年夏天，BEPCⅡ完成了两个方面的升级改造任务。一是采用所谓 top up 运行模式，即在储存环正负电子对撞的同时保持正负电子束流持续注入，使束流流强始终维持在最高水平，从而使得积分亮度提升约 30%；二是提高束流能量，由设计束流能量最大为 2.1 GeV、相

应的对撞质心能量为 4.2 GeV，提高到束流能量为 2.45 GeV、质心能量达到 5.0 GeV，有效拓展了 BESⅢ物理研究的覆盖范围和研究潜力。BEPCⅡ正在计划开展新一轮的亮度升级工作，使得质心能量在 4 GeV 以上的亮度再提升 2～3 倍。

（二）BESⅢ实验

BESⅢ是一台大型通用磁谱仪，安装在 BEPCⅡ的南对撞点上。当正负电子在对撞点对撞后，产生的末态粒子穿过 BESⅢ的各个子探测器并与探测器发生相互作用时，相应的电子学信号被记录并采集下来，经过离线刻度和重建能够精确地得到末态粒子的动量、能量、质量和位置等物理参数，进而还原真实的物理过程。利用获取的实验数据，可以研究和总结支配这些原初物理过程的基本规律。

BESⅢ探测谱仪系统由多个子探测器组合而成，其布局和几何尺寸如图 2-2 所示（整个探测器沿束流管旋转对称），由内到外依次为束流管、主漂移室（main drift chamber，MDC）、飞行时间探测器（time-of-flight detector，TOF）、电磁量能器（electromagnetic calorimeter，EMC）、超导螺线管磁体和缪子鉴别器（muon identifier，

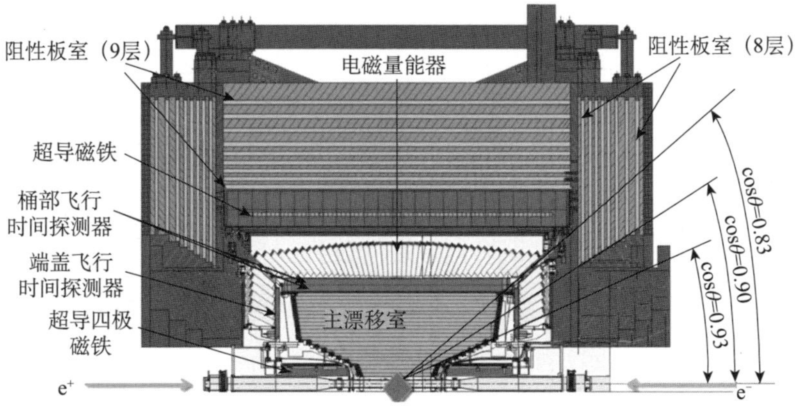

图 2-2　BESⅢ子探测器布局和几何尺寸

MUC）。北京谱仪经过设计、建造和调试，当前各个子探测器的实际运行的性能指标均达到或优于设计参数指标，如表 2-2 所示。

表 2-2 BESⅢ各子探测器的设计性能和实际性能的对比

子探测器	参量	设计性能	实际性能
主漂移室	位置分辨率 /μm	120～150	115
	动量分辨率 / %	0.5～0.7（1 GeV）	0.7（1 GeV）
	d*E*/d*x* 分辨率 / %	6～8	5.8
电磁量能器	能量分辨率 / %	2.5～3.0	2.3
飞行时间探测器	时间分辨率（桶部）/ ps	100～120	68
	时间分辨率（端盖）/ ps	100～120	65
缪子鉴别器	位置分辨率 / cm	1.4～1.7	1.5

（三）北京正负电子对撞机 / 北京谱仪的现状和历史

BEPCⅡ/BESⅢ实验运行的质心能量范围为 2.0～5.0 GeV，位于 QCD 的微扰与非微扰的过渡区域，是探索 QCD 色禁闭本质、发展 QCD 理论的关键区域。该能区具有丰富的共振结构，为研究奇特强子态、多夸克态、胶子球及混杂态等新型强子态提供关键研究平台，并且能够在不同的阈值附近大量产生低本底的陶轻子和粲强子等，为检验电弱理论和理解强相互作用理论，进而精确检验标准模型和发现新物理存在的迹象，提供独特的场所。陶粲能区因其一系列独特性能，过去 40 年来一直是粒子物理研究领域关注的重点之一。

BEPCⅡ/BESⅢ实验自 2009 年运行至今，在陶粲物理能区积累了超过 35 fb^{-1} 积分亮度的实验数据，并取得了丰硕的物理成果。BESⅢ实验在国际强子物理领域具有引领地位，每年有大量的实验数据发表在国际数据手册中。此外，BESⅢ实验在精确检验标准模型和寻找新物理方面也有独特优势。BESⅢ实验运行非常成功，已经完成了部分获取数据计划，如 100 亿的 J/ψ 数据，取得了很多预期的物理成果，包括高精度的陶轻子质量测量[51]、*R* 值的精确测量[52,53]、粲介子含轻衰变和轻强子谱学等，同时获得了四夸克粒子候选态[52]、粲重子衰变[54]和 Collins 碎裂函数测量[55]、在 J/ψ 衰变到超子对 Λ 的极化[56]等超出预期的成果，预期未来 10 年将会有更多“出乎预料”的新物理亮点成果呈现。

BEPC/BES 是中国第一台也是目前国内唯一一台基于加速器的高能物理实验装置。自 1988 年建成并成功运行实验以来，BES 获得了一系列重要成果，包括 BESⅠ的陶轻子质量测量[57]、ψ(2S) 及粲夸克偶素实验研究、BESⅡ的 *R* 值精确测量[58]、ψ(3770) 的非 $D\bar{D}$衰变的发现[59]、X(1835) 的发现[60,61]及上述 BESⅢ的物理亮点等。中国的高能物理实验队伍在 BEPC/BES 实验装置的设计、建造和运行过程中也逐步成长壮大，从开始时学习和借鉴国外加速器、探测器和电子学等相关的先进技术，到全新自主创新设计 BEPCⅡ加速器和 BESⅢ探测器，积累了大量的大科学工程建设、运行和管理经验，储备了一批核心技术，培养了几代高能物理实验人才。与此同时，BEPC 一机两用，在开展高能物理实验的同时也开展同步辐射光源应用，开创了我国同步辐射装置应用的先河，为我国核科学、材料科学、化学、生命科学、考古和地球资源科学等研究领域提供了新的研究手段，获得了重点研究成果，培养了一大批跨学科人才。

正是由于 BEPC 这颗“种子”，我国才逐步建造了新的同步辐射装置（如上海同步辐射光源、高能同步辐射光源、东莞散裂中子源等），并正在预研一些新的加速器装置（如缪轻子源等）。BES 实验的成功使得我国有能力开展大亚湾反应堆中微子实验[62]和江门中微子实验（JUNO）[63]，位于四川锦屏地下实验室的 PandaX[64]和

CDEX[65] 暗物质直接探测实验，高海拔宇宙线观测站（LHASSO）[66]、“悟空”号暗物质粒子探测卫星[67] 宇宙线实验等，并且获得了巨大的成功。从 BEPC/BES 实验中培养出来的人才遍布国际各大型科学实验装置，为我国深入开展国际合作奠定了基础，同时也使得粒子物理实验学科在我国各大高校生根发芽并茁壮成长。目前国内有 30 多所高校有粒子物理实验团队，部分高校（中国科学技术大学、中国科学院大学、北京大学、清华大学等）在各大型国际合作实验的设计、建设、升级、运行和物理研究等发挥了不可替代的作用，并获得重大成果，大幅度提升了我国科学家在本领域的学术水平和学术影响力。BEPC/BES 实验的成功也为我国计划开展下一代对撞机实验的预研和建造（包括高能量前沿实验和高亮度前沿实验等）奠定了基础。中国的粒子物理领域，从新中国之初的规划、改革开放之初打开国门开始参与国际合作，到今天在国际上处于先进行列，并且在中微子物理、陶粲物理领域领先于国际，是几代科学家努力的结果，来之不易。

二、基于国外加速器的粒子物理国际合作

基于加速器的粒子物理实验的一个显著特点是大规模的国际合作。我国的粒子物理实验起步于参加位于苏联杜布纳联合核子研究所的大科学装置研究，逐步扩展参加位于德国电子同步加速器研究所的 Mark-J 实验[68]、位于 CERN 的 L3 实验[69] 和 ALEPH 实验[70]、位于美国斯坦福直线加速器中心的 BaBar 实验[71]、位于日本 KEK 的 Belle 实验[72]、位于美国布鲁克海文国家实验室的螺旋管径迹探测器（Solenoidal Tracker at RHIC，STAR）实验[73] 及位于美国费米国家加速器实验室的 D0 实验[74] 等。当前，我国正

全面参与正在运行或即将运行的大科学实验，包括 CERN 的 LHC 上的 ALICE 实验[75]、ATLAS 实验[76]、CMS 实验[77]和 LHCb 实验[23,24]4 个实验、日本 SuperKEKB 上的 BelleⅡ 实验[78]、美国 JLab 的 GlueX 实验[79]，德国 FAIR 上的 PANDA 实验[80]等。近年来，我国参与粒子物理实验的国际合作，不管是人力、物力和经费等方面的投入，还是在国际合作组中发挥的作用、拥有的地位和话语权等，都有大幅度提升。下面简单介绍我国当前重点参与的国际基于加速器的粒子物理实验的现状。

（一）LHC 上的 ATLAS 实验和 CMS 实验[76,77]

位于 CERN 的 LHC 是当前世界上正在运行的规模最大、能量最高的粒子物理大科学装置，也是目前高能量前沿唯一正在运行的大科学装置。2012 年 7 月，CERN 宣布在 LHC 的两个大型高能物理实验 ATLAS 探测器（图 2-3）和 CMS 探测器（图 2-4）上发现了希格斯玻色子，并在实验中确认了标准模型完整的粒子谱，是物理学领域的一个里程碑，也为粒子物理的研究打开了一个新的领域。随后，LHC 不断提高对撞能量和亮度，开展希格斯玻色子性质的研究、标准模型的精确测量及新物理的探索。截至 2018 年底，LHC 的对撞能量已达到 13 TeV，对撞亮度达 $2.2\times10^{34}\ cm^{-2}\cdot s^{-1}$，是 LHC 原设计亮度的 2.2 倍。当前，LHC 实验开始了新一轮（即 Run3）运行，质心对撞能量将为 13.6 TeV，瞬时最高亮度为 $2.1\times10^{34}\ cm^{-2}\cdot s^{-1}$。

当前，ATLAS 实验和 CMS 实验各积累了约 170 fb^{-1} 的高质量数据，获得了一系列重大物理成果。在希格斯玻色子性质测量方面，ATLAS 实验和 CMS 实验相继发现并验证了希格斯玻色子的 ZZ、WW、γγ、bb、ττ 多个衰变模式，以及 ggH、VBF、VH、ttH

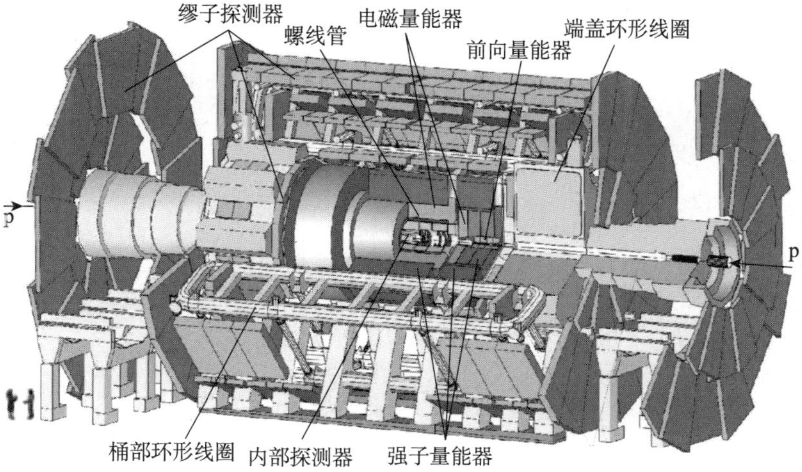

图 2-3　ATLAS 探测器

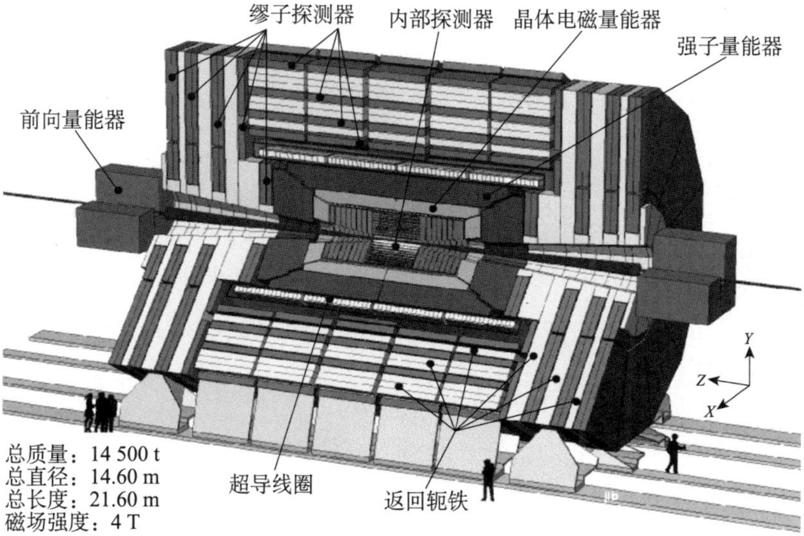

图 2-4　CMS 探测器

多个产生过程，基本证实了其与标准模型预言相符。当前，ATLAS 实验和 CMS 实验测量希格斯玻色子产生截面的精度已达 10% 以下，证实了希格斯玻色子的自旋宇称与标准模型预言相符（0^+）；测得不变质量为 125 GeV，精度小于 200 MeV，衰变总宽度的上限已缩减至 15 MeV，其不可见衰变分支比的上限也缩减至10%以下；获得了H → μμ和H → Zγ的稀有衰变的实验迹象，并在很大程度上提升了探测H → cc及双希格斯过程的灵敏度，产生截面的精度上限已达标准模型预言的10～20倍。在标准模型精确测量方面，ATLAS实验和CMS实验精确测量了W玻色子质量，获得了与太电子伏特加速器比肩的测量精度（误差为19 MeV）；获得了最精确的顶夸克质量和所有电弱能标物理过程产生截面精度的测量结果，如顶夸克对和多玻色子过程测量误差＜5%等；发现了部分单顶夸克产生过程，以及顶夸克伴随产生过程、四顶夸克过程、双(三)玻色子散射过程、光子-光子散射过程等。在新物理探索方面，虽然尚未发现新物理存在的迹象，但ATLAS实验和CMS实验的研究已将高质量新粒子的质量下限推至5～10 TeV[81]；对超对称粒子的质量下限提升至1 TeV[82]；对与宇宙演化及与中微子相关的新物理现象，如轻子数破坏过程、轻子夸克（leptoquark），以及右手中微子等现象的探测灵敏区域提升至太电子伏特。[83]另外，ATLAS实验和CMS实验的玻色子反常耦合顶点的研究，获得了对有效理论中新物理耦合最灵敏的限制[84]，也开展了低质量暗物质、长寿命粒子和其他奇特粒子（如磁单极子等）的寻找，获得了全新的实验限制。[85]

为了充分挖掘LHC的物理潜力，从2013年起，CERN开始规划利用最先进的加速器和探测器技术升级改造LHC对撞机及CMS和ATLAS两个大型探测谱仪，进一步提升对撞机亮度和探测器性能，提升物理敏感度，扩大科学潜力。在这项宏伟规划中，LHC提升亮度的项目称为HiLumi-LHC（简称HL-LHC）[14]，其目标是在LHC设计的对撞能量（质心能量为14 TeV）下，将峰值对撞亮度提高到$(5\sim7.5)\times10^{34}\ cm^{-2}\cdot s^{-1}$，并将积分亮度从LHC设计指标的300 fb^{-1}提高到3000～4000 fb^{-1}；提升探测谱仪的性能包括更换径迹探测器、升级部分量能器系统和缪子探测器，并更换前端电子学及触发电子学系统等。整个 LHC 升级项目的时间跨度将长达 10 年，即从 2016 年 6 月开始到 2026 年 6 月完成，总经费约为 9.5 亿瑞士法郎。

前期，中国组承担了 LHC 的 ATLAS 实验和 CMS 实验的部分探测器建造任务，约占总贡献的 1%，包括 ATLAS 和 CMS 上缪子谱仪 MDT 和 TGC 的建造、晶体量能器吸收体的研制、探测器前端读出电子学模块等开发研制任务，并积极参与了探测器的安装、运行和维护等工作。从 2008 年起，中国组积极并广泛参与实验的物理研究工作，对多个重点研究方向进行了合理人员布局，在希格斯玻色子的发现与性质测量、多玻色子散射过程的精确测量、SUSY 的探索及其他新物理现象寻找等研究中取得了重大成果，对标准模型的精确检验和对新物理寻找等前沿课题做出了重要贡献。

当前，我国共有中国科学院高能物理研究所、清华大学、中国科学技术大学、上海交通大学、南京大学、山东大学 6 个成员单位参与 ATLAS 实验，有中国科学院高能物理研究所、北京大学、清华大学、北京航空航天大学、复旦大学、中山大学、浙江大学 7 个成员单位参与 CMS 实验。在过去的 10 年时间里，我国在 ATLAS 实验和 CMS 实验两个实验中培养了大量人才，同时通过人才培养和引进，两支研究队伍的规模由 10 年前的约 20 名固定编制的骨干成员、30 名学生发展到目前约有 100 名骨干成员、200 名学生，成为两个实验中不可或缺的研究团队。

到 2018 年为止，LHC 实验已运行了 10 年（2009～2018 年），但仅积累了 5% 的对撞数据。LHC 升级后预计将产生余下的 95% 对撞数据。当前，为了应对 LHC 高亮度升级的要求及探测器长期运行带来的老化、效率降低等问题，LHC 计划开展两次探测器升级改造任务，一期（Phase Ⅰ）升级计划已经在 2021 年完成，二期（Phase Ⅱ）升级将在 2030 年完成。在 LHC 一期探测器升级改造阶段，中国组承担 ATLAS 缪子谱仪端盖 NSW 触发探测器窄条窄间隙室（sTGC）的建造和安装、前端电子学读出系统 FEB 设计和 PCB 板研制及测试等工作；承担了 CMS 端盖缪子探测器 CSC、触发探测器高阻性板室（resistive plate chamber，RPC）的建造和安装及缪子一级触发预处理（CPPF）系统的研制和建造等任务。中国组在 LHC 二期升级中正在深度参与探测器升级改造任务，包括研制用于开展粒子顶点和径迹精确测量的高空间分辨率、高耐辐照的硅微条探测器（ATLAS 实验），用于提高粒子触发效率的高计数率的大面积阻性板室和气体电子倍增器（Gas Electron Multiplier，GEM）探测器（ATLAS 实验、CMS 实验），用于提高喷注和粒子簇射能量分辨的高颗粒度量能器（CMS 实验），高颗粒度时间探测器（ATLAS 实验）、探测器读出电子学系统和触发系统（ATLAS 实验、CMS 实验）等。探测器的成功升级和正常运行将为 LHC 实验未来 10～15 年顺利开展高能量前沿的物理研究提供强有力的保障。

中国于 2019 年与 CERN 共建联合研究中心（China-CERN Collaboration on Particle Physics，CCCPP），为中国-欧洲核子研究组织在高能物理、加速器及探测器相关技术等方面长期稳定的合作搭建了重要平台。该平台凝聚了我国粒子物理领域优势研究力量，进一步加强中国-欧洲核子研究组织在粒子物理实验领域的合作，将在粒子物理实验研究、加速器及探测器相关的关键技术研发、先进计算与存储技术研究等重点研究方向开展密切合作。

（二）LHC 上的 ALICE 实验[75]

ALICE（图 2-5）实验是 LHC 上的四大实验之一，是目前世界上能量最高的原子核与原子核对撞实验。主要物理目标是通过超高能量的原子核对撞，人工创造名为“夸克胶子等离子体”的一种新的物质形态；通过研究新物质形态的特性和演化规律，深入理解非微扰能区强相互作用的行为，探索 QCD 物质的相结构，研究宇宙早期物质形态及其演化规律，具有重大科学意义。

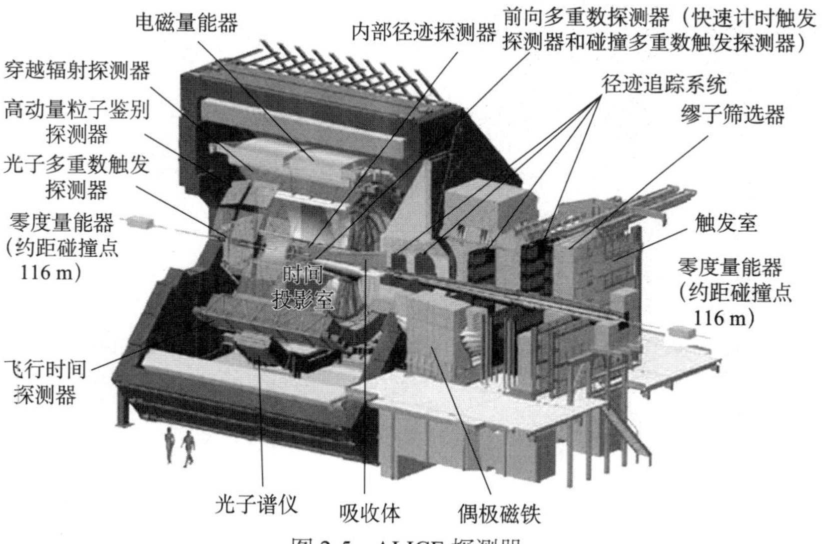

图 2-5　ALICE 探测器

中国组在 ALICE 实验建造期与外方合作，参与光子谱仪 PHOS、双喷注电磁量能器 DCAL 的建造，以及相应探测器的安装、运行和维护。通过国际合作，我国逐渐掌握了电磁量能器及其读电子学的关键技术。中国 ALICE 实验组也积极参与物理研究工作，通过重味强子产生、喷注淬灭、多奇异粒子产生、部分子集体运动等过程研究夸克胶子等离子体的特性，在小系统碰撞中探索新物理现象，取得了一批具有国际影响力的重大物理成果。

当前，ALICE 中国组有复旦大学、华中师范大学、中国科学技术大学和中国原子能科学研究院 4 个成员单位，共有固定编制研究骨干 20 多名、学生 40 多名。中国 ALICE 实验组通过国际合作实验研究，为我国培养了一批有国际视野和竞争力的青年人才。中国组多人在 ALICE 合作组中担任重要职位，其中 1 人（曾）担任 ALICE 管理委员会成员，2 人（曾）担任 ALICE 八大物理工作组协调人，5 人（曾）担任物理分析组协调人。中国组的贡献获得 ALICE 实验合作组的高度认可。

为了应对 LHC 高亮度升级、提升探测器的性能等，ALICE 实验正在对探测器和电子学进行全面升级。中国组承担了新内寻迹探测器（ITS2）和前向缪子径迹探测器（MFT）的部分研发和建造工作，掌握了先进的硅像素芯片设计和研制等关键技术，将为 LHC Run2 运行带来更大的物理机遇。

为了进一步揭示夸克物质的宏观性质及其微观本质等基本物理问题，ALICE 实验计划针对 LHC Run3 的运行建造第三代内寻迹探测器（ITS3）、前向量能器（FoCal），并在更远的未来建造全新的高能核物理对撞实验探测谱仪 ALICE3，大幅度扩大和提升实验测量范围与精度。ALICE 中国组将参与 ITS3、FoCal 和 ALICE3 探测器的研制工作。通过国际合作，我们可以掌握晶圆尺寸硅像素芯片的核心技术和基于硅像素的高粒度量能器及其读出电子学的关键技术，为未来开展多重味重子态在夸克物质中的产生、QCD 在兆电子伏能标下的辐射特性、极低 Bjorken 动量分数区域的部分子分布函数及其核修正等一系列基础前沿科学研究提供重要平台。

（三）LHC 上的 LHCb 实验 [23,24]

LHCb（图 2-6）实验是 LHC 上以重味物理为主要研究目标的

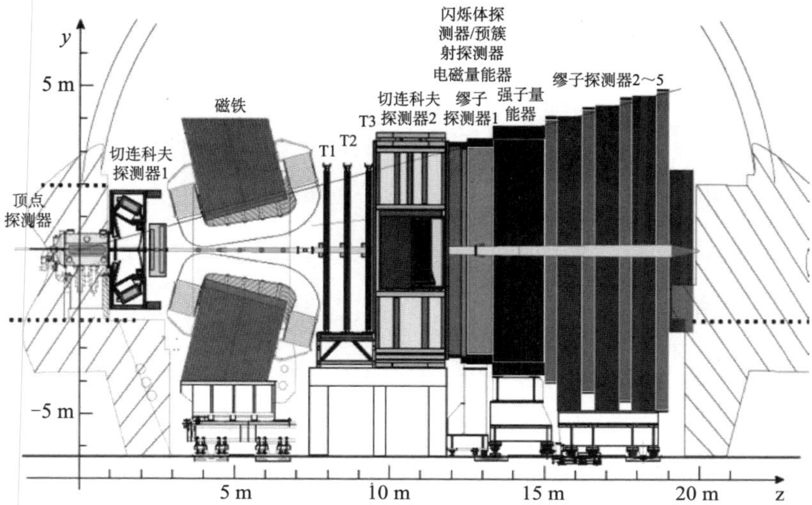

图 2-6　LHCb 探测器

大型单臂实验。大型强子对撞机产生重味强子的截面的精度非常高。LHCb 实验通过精确测量超高统计量的重味强子产生和衰变性质，研究 CP 破坏机制，探索宇宙中正反物质不对称性的起源，寻找稀有衰变过程，间接寻找超出标准模型的新物理。由于具备出色的顶点重建精度、带电粒子的鉴别能力及事例触发能力，LHCb 实验也是研究重味强子的产生和衰变机制、重味强子谱学、非微扰量子色动力学的重要平台。与正负电子对撞实验相比，高能强子对撞中粲强子和底强子的产生截面的精度提高了 4～5 个数量级。因此，LHCb 实验中采集的粲强子和底强子衰变数据的统计量巨大，为相关物理的实验研究，特别是末态全部是长寿命带电径迹（电子除外）的衰变研究，带来了显著优势。但在包含中性末态粒子（如光子、π^0 介子和中微子等）的衰变过程中，强子对撞机有更高的本底，且缺乏对撞初末态能动量守恒的运动学约束。LHCb 实验对这些衰变过程的研究有更大的挑战性。截至 2018 年底，LHCb 实验共采集了约 9 fb^{-1} 的质子–质子对撞数据，在重味物理和强子谱学方面做出了一系列重要结果。例如，它首次发现粲强子衰变中的

CP 破坏、稀有衰变 $B_s \to \mu\mu$、五夸克态、双粲重子等，以及 CKM 矩阵参数 γ、$\sin 2\beta$ 和 ϕ_s 精确测量等取得世界最好精度的测量结果。

中国于 2000 年加入 LHCb 合作组，参与了 LHCb 探测器前端触发电子学的设计。为了将数据采集的瞬时亮度提升 5 倍，于 LHC 的第三运行期和第四运行期后累计采集 50 fb^{-1} 的质子－质子对撞数据。从 2008 年起，LHCb 合作组开始筹划 LHCb 探测器升级（LHCb upgrade）。在 LHCb 探测器升级项目中，除了量能器和缪子探测器之外的所有子探测器全部采用了最先进的探测技术，以满足 40 MHz 的数据传输，取消了基于硬件的触发系统，升级了所有的电子学系统。LHCb 实验整个升级项目的总费用约为 5700 万瑞士法郎。自 2018 年底起，LHCb 实验开始开展探测器升级的安装和调试。在 LHCb 探测器升级项目中，LHCb 中国组参加了闪烁光纤径迹探测器（scintillator fiber trackers）前端读出电子学系统的研发，以及磁铁上游径迹探测器（upstream trackers）的研发和建造，相关的贡献约占升级总经费的 1%。

为了充分发挥高亮度大型强子对撞机（HL-LHC）为重味物理研究带来的科学潜力，自 2017 年起，LHCb 合作组开始筹划探测谱仪的二期升级（LHCb Upgrade Ⅱ），预计将数据采集的瞬时亮度再提升 5～10 倍，计划于 2031 年完成探测器的研发、建造、安装及调试任务，并在 LHC 第五期运行后累计采集 300 fb^{-1} 的质子－质子对撞数据。为了应对超高亮度数据采集中出现的事例堆积现象，各子探测器将均需要采用高耐辐照性、高颗粒度和高时间分辨率的新型探测技术，目前项目的各技术方案正处于研发和论证初期阶段。为了提升对低动量带电径迹和中性末态粒子的探测能力，LHCb 中国组正在开展基于硅探测器技术的磁铁上游径迹探测器和高颗粒度电磁量能器的研发工作。

自 LHC 运行以来，LHCb 中国组积极参与物理研究工作，并与国内理论研究同行密切合作，不断开拓新的物理研究课题。LHCb 中国组早期以非微扰量子色动力学和重味强子谱学研究为主要目标，自 2013 年起逐渐扩展到以 CP 破坏和 CKM 机制为主的重味物理研究方向，并做出了一系列有国际影响力的重要成果。主要成果包括：重夸克偶素产生机制和 Bc 介子谱学的研究，冷核物质效应的研究，CP 破坏参数 ϕ_s 和 CKM 相角 γ 的精确测量，四夸克态 Zcs、五夸克态及双粲重子的发现等。这些成果受到国内外同行高度关注并被大量媒体广泛报道。其中，五夸克态的发现入选了 2015 年度英国《物理世界》物理学十大突破和美国《物理》物理学八大进展，双粲重子的发现入选了 2017 年度中国科学十大进展。目前，LHCb 中国组共有清华大学、华中师范大学、中国科学院大学、武汉大学、中国科学院高能物理研究所、华南师范大学、北京大学、湖南大学、兰州大学 9 个单位参与，有固定编制骨干 29 人。在 LHCb 实验的国际合作交流中，中国组培养了多名青年骨干，其中多人在 LHCb 合作组中担任重要职位，包括 2 人（曾）担任 LHCb 报告人遴选委员会成员，1 人担任 LHCb 成员委员会成员，1 人担任 LHCb 编辑委员会成员，5 人（曾）担任 LHCb 九大物理工作组协调人。

（四）SuperKEKB 上的 BelleⅡ实验 [78]

日本 KEK 的 Belle 实验运行在能量不对称的正负电子对撞机 KEKB 上[40]，其质心系能量超过 10 GeV，在 $\Upsilon(4S)$ 共振峰及其附近、$B\bar{B}$介子对的阈值以上能够产生海量的$B\bar{B}$介子对，因此也俗称 B 工厂。KEKB 的峰值亮度达到 $2.1 \times 10^{34}\ \mathrm{cm}^{-2} \cdot \mathrm{s}^{-1}$，并长期保持正负电子对撞机实验亮度的世界纪录。

Belle 实验从 1999 年开始获取数据，并于 2010 年结束运行，其主要研究目标是 CP 对称性破坏和重味物理的精确测量。Belle 实验与同期运行的另一个位于美国的 B 工厂的 BaBar 实验，开展了 B 介子衰变精确测量和 B 夸克偶素的精确研究等前沿课题，获取了对 CKM 矩阵幺正三角形三个内角的精确测量值，确认了 B 夸克 CP 破坏的存在，以及获得了对 Z_b^+(10610/10650) 奇特态的发现等重大物理成果，特别是在实验中确认了 B/$\bar{B}$ 介子衰变中的 CP 对称性破坏现象，验证了日本科学家小林诚和益川敏英提出的味混合动力学机制（即 CKM 矩阵），是粒子物理领域发展的一个里程碑。因此，小林诚、益川敏英与另一位美籍日裔科学家南部阳一郎共同分享了 2008 年的诺贝尔物理学奖。另外，Belle 实验也能够通过 B 介子衰变、初态辐射、双光子对撞等过程大量产生粲强子和陶轻子，开展陶粲物理相关研究，包括研究 D^0-$\bar{D}^0$ 混合、精密测量粲夸克偶素谱及其衰变及研究强子谱学等。Belle 实验首次确认了 D^0-$\bar{D}^0$ 混合的存在并精确测量了其混合参数 [84,86]，发现了 X(3872)[85]、Zc(3900) 奇特强子态 [87] 等重大物理成果，极大地推进了 CP 破坏和强子结构领域的发展。

我国参与 Belle 实验研究可以追溯到 20 世纪 90 年代，是原初参加单位，有中国科学院高能物理研究所、中国科学技术大学和北京大学长期参与 Belle 实验研究。中国组在 Belle 探测器建造之初就参与了数据获取系统（DAQ）电子学插件的研制工作，研制的插件性能优越，被长期使用。多人参与软件开发工作，并做出了独特贡献。在物理研究方面，中国组长期开展 D 介子衰变中 CP 破坏的寻找和研究工作，测量了 D^0-$\bar{D}^0$ 混合中间接的 CP 破坏效应，首次确认了 D^0-$\bar{D}^0$ 混合的存在。在粲偶素、类粲偶素及新强子态［如 X(1835) 等］的寻找和研究工作中，中国组确认了 Y(4260) 和 Y(4360) 的存在，并发现了新的 Y(4008)、Y(4660)、Zc(3900) 等奇特强子态。一系列的研究成果为国际粒子物理领域的 CP 破坏和强子谱学的研究做出了重大贡献。

2010 年，KEKB/Belle 停机并进入升级改造阶段，升级后的 SuperKEKB 加速器[39]将在世界上首次实现“纳米束流”（nano-beam）方案，即通过超导强聚焦系统将对撞束团的纵向尺寸压缩到原来的 1/20，约为 50 nm，预期的峰值亮度将达到 $0.8\times10^{36}\ \mathrm{cm^{-2}\cdot s^{-1}}$，是 KEKB 的 40 倍。升级后的 BelleⅡ探测器（图 2-7）只保留了原有 Belle 探测器的掺铊碘化铯［CsI(TI)］的电磁量能器晶体（其中 1/3 由中国科学院上海硅酸盐研究所生产）、超导线圈磁场系统、Klong 和缪子探测器（KLM）约 2/3 的阻性板探测器及轭铁框架，其余全部为新建造系统。在 BelleⅡ探测器的升级改造中，我国负责 Belle2link 全局数据读出系统，并参与了硅像素探测器的 DAQ、数据读出系统的设计及 Geant4 模拟软件的开发等。同时，我国作为最主要研发方之一推动了缪子探测器升级。BelleⅡ实验于 2019 年开始运行获取数据，当前亮度已达 $3.0\times10^{34}\ \mathrm{cm^{-2}\cdot s^{-1}}$，验证了

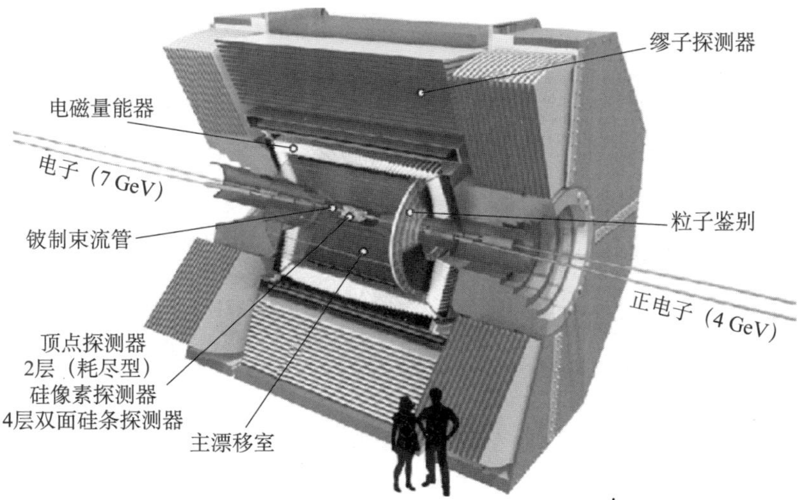

图 2-7　BelleⅡ探测器

纳米束流方案，但也面临着束流本底过高及纳米束流不稳定等重要问题。BelleⅡ计划采集 50 ab^{-1} 的数据，将在 B 物理、粲物理及强子物理等方向的研究中达到前所未有的灵敏度，并且将多方位寻找超出标准模型的新物理和新现象。

近年来，得益于我国高校在粒子物理实验领域研究能力的快速发展及人才的培养和引进，BelleⅡ中国组队伍规模也大幅度扩大。目前，除了中国科学院高能物理研究所、中国科学技术大学、北京大学外，北京航空航天大学、复旦大学、辽宁师范大学、苏州大学、南京师范大学、山东大学、湖南师范大学、河南师范大学和郑州大学等高校也相继加入BelleⅡ实验合作组。当前，我国共有 12 个单位的约 70 人参与 BelleⅡ实验，其中固定编制骨干 26 人。人员规模在 BelleⅡ实验合作组中排第五位，前四个国家分别是日本、美国、德国和意大利。中国组对 BelleⅡ实验的参与深入且广泛，熟悉实验的研究进展、软件环境、数据结构和分析方法等，为中国组在 BelleⅡ实验中开展重味物理研究打下了很好的工作基础。中国组多人在 BelleⅡ实验合作组中长期担任执行委员会成员、报告委员会委员、经济委员会委员和研究组组长等重要岗位。中国组的贡献涵盖物理分析、硬件、软件、DAQ、刻度与探测器运行等各个方面，得到合作组的高度认可，确立了在合作组中的重要地位。

随着 SuperKEKB/BelleⅡ实验的开机运行，装置的下一步升级计划已被提上议程。BelleⅡ实验合作组于 2018 年成立升级研究组，并于 2019 年成立专家委员会，专门讨论升级内容。在加速器方面，中期升级计划在 2026 年完成高频腔、超导强聚焦系统和束流管的改造任务，以优化纳米束流方案；长期升级计划（2031 年以后）的目标是在现有设计指标基础上，再把峰值亮度提高 5 倍，

达到 $4.0\times10^{36}\ cm^{-2}\cdot s^{-1}$，积分亮度达到 250 ab^{-1}，进一步大幅度提升高亮度前沿的研究能力。在探测谱仪方面，从最里层的顶点探测器到最外面的缪子探测器，所有系统的升级都被纳入考虑和讨论范围。

（五）FAIR 上的 PANDA 实验[80]

PANDA（图 2-8）实验是位于德国亥姆霍兹重离子研究中心（GSI）的反质子和离子研究装置（FAIR）上的四个主要项目之一，是欧洲未来最重要的强子物理实验装置之一。PANDA 实验是利用反质子束流打固定靶的质子-反质子湮灭过程，开展强子物理和强相互作用研究。质子-反质子湮灭过程可以直接产生任意量子数的粒子，其普适性为精确研究胶子激发态、奇异夸克和粲夸克物理及核子结构提供了重大机遇。PANDA 实验的质心能量为 2.3～5.5 GeV，与陶粲装置实验的能区完全重叠；有高分辨率模式（亮度为 $10^{31}\ cm^{-2}\cdot s^{-1}$，相对动量分辨达到 10^{-5}）和高亮度模式（亮度为 $10^{32}\ cm^{-2}\cdot s^{-1}$，相对动量分辨达到 10^{-4}）两种不同的运行模式，为强子谱学、核子与强子内部结构、强子-强子相互作用等前沿物理课题的研究提供独特平台。利用不同的反应机制，PANDA 实验与 BESⅢ实验在寻找奇特强子态、研究粲强子物理和重子谱学等领域具有很强的互补性。PANDA 实验预计于 2024 年底安装部分探测器开始试运行，2026 年完成完整的探测器建造和安装，并开始物理获取数据。

PANDA 质子-反质子湮灭实验有超高的事例率，同时具有超高的本底，相应的物理研究需要在大量本底事例中挑选出感兴趣的物理信号事例，给实验的数据采集系统带来了重大挑战。受数据存储和传输的限制，PANDA 实验要求在数据采集环节对本底事例压低至少三个数量级。由于信号与本底事例的高度相似性，

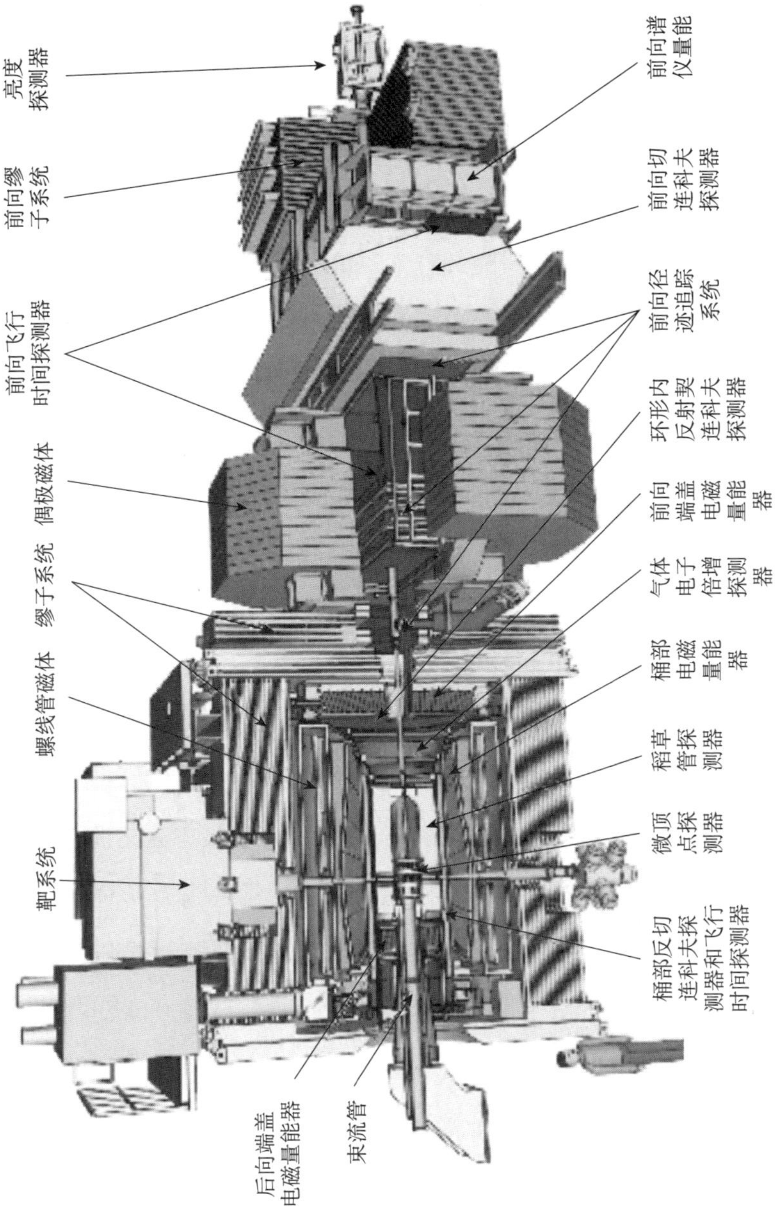

图 2-8 PANDA 探测器

因此无法用简单快速的硬件信号差异来区分信号与本底。为了解决这个困难，PANDA 实验将采用新型的无硬件触发和由多层次的软件触发数据获取技术（TDAQ），保障实验正常运行。

中国于 2004 年加入 PANDA 国际合作组，目前成员单位有中国科学院高能物理研究所、中国科学院近代物理研究所、中国科学技术大学、南开大学、南华大学。中国组与德国成员单位合作设计开发了 TDAQ L1 网络层计算节点，并且负责 PANDA 离线软件电磁量能器的模拟、刻度与重建等研究任务。

（六）JLab 的 GlueX 实验 [79]

位于美国 JLab 的 GlueX（图 2-9）实验是利用 12 GeV 电子通过韧致辐射产生高流强的 9 GeV 线性极化光子打质子靶，通过高能光生反应研究轻强子谱学。GlueX 实验的主要物理目标是寻找和研究混杂态，从而深入研究胶子场性质和色禁闭机制，是在美国本土重要的研究强子谱学的大科学装置。GlueX 实验于 2017 年开始正式运行，Phase 1 采集了 125 pb^{-1} 的数据。2019 年，GlueX 实验完成了内全反射型切连科夫（Detection of Internally Reflected Cherenkov Light，DIRC）探测器升级，大幅度提升了 K/π 的鉴别能力。目前正在进行的前向电磁量能器升级将大幅度提升 $\eta^{(\prime)}$ 衰变中多光子末态的探测能力，为开展通过 $\eta^{(\prime)}$ 的稀有中性衰变模式来检验低能强相互作用理论、寻找新物理等研究提供重要平台。高亮度的 Phase 2 于 2021 年秋季开始获取数据。

GlueX 实验与 BESⅢ、PANDA 等实验在研究混杂态、矢量介子谱、轻介子衰变等方面的研究有很好的共性和互补性，物理结果可以互相检验，物理分析工具可以互相借鉴。分波分析是 BESⅢ 和 GlueX 等强子物理实验的公共关键技术，通过与 JLab 物理分析

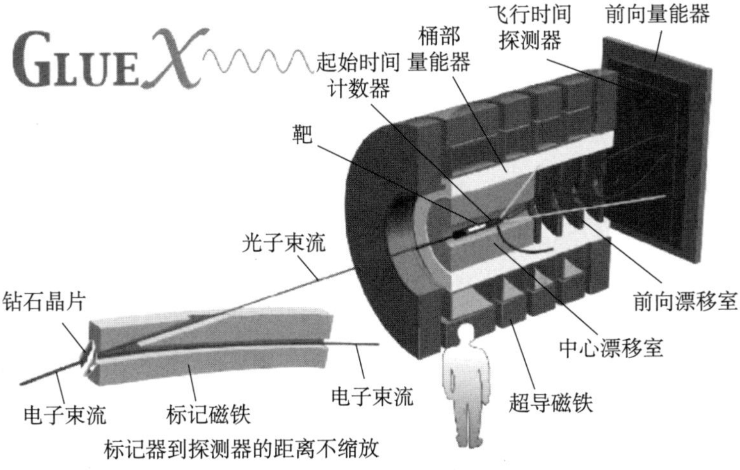

图 2-9　GlueX 探测器

中心（JPAC）开展理论与实验合作将促进分波分析方法的发展和完善。目前，GlueX 实验的中国组包括中国科学院高能物理研究所和武汉大学，中国组成员在相关的研究中做出重要贡献，并参与了 GlueX 电磁量能器性能研究及电磁量能器升级的晶体性能测试等工作。利用 GlueX 实验和 BESⅢ实验高统计量数据，通过光生反应和粲偶素衰变不同产生机制可以协同、更全面深入地研究强子谱学。

三、未来基于加速器的粒子物理实验预研

在过去的 10 多年里，国际上基于加速器的粒子物理实验，无论是在高能量前沿，还是在高亮度前沿，都取得了显著的研究进展，获得了包括发现希格斯玻色子、发现多夸克态、确认粲介子衰变的 CP 破坏等具有里程碑意义的物理成果。尽管如此，粒子物理领域还有一系列根本性的科学问题无法得到解决，特别是至今没有新物理存在的确切证据，预示着粒子物理领域的研究还有很

漫长的道路要走，需要不同的研究前沿协同创新，共同推进粒子物理领域研究的开展。

希格斯玻色子的发现为粒子物理领域的研究打开了新的窗口，多夸克态的发现为强子物理和非微扰能区 QCD 色禁闭性质的研究提供了新的平台，粲介子 CP 破坏的确认为味物理的精确检验和正反物质不对称性的研究提供了新的机遇。未来的基于加速器的粒子物理实验研究，除了在现有的装置上深耕，不断地提升相关物理研究潜力和探测灵敏度，还要根据物理研究现状和需求，在高能量前沿和高亮度前沿开展前瞻性研究，建造新装置，探索新物理，开创粒子物理研究的新时代。在高能量前沿，需要深入研究和理解希格斯玻色子的特性，开展希格斯玻色子性质的精确测量。为此，需要建造低本底、高亮度的希格斯工厂。在高亮度前沿，需要产生超大统计量重味夸克，开展味物理的精确测量和非微扰能区 QCD 色禁闭性质的深入研究。鉴于 SuperKEKB/BelleⅡ实验刚开始运行，LHC/LHCb 实验正在开展升级任务，当前高亮度前沿最紧要的装置为超级陶粲工厂。

基于国内外加速器的粒子物理研究现状和发展趋势，在过去的 10 年时间里，在中国物理学会高能物理分会的领导和协调下，我国的粒子物理领域科学家开展了后北京正负电子对撞机 / 北京谱仪时代的中国基于加速器的粒子物理实验的战略研讨和规划。经过多次研讨，在高能量前沿和高亮度前沿分别逐步形成了大型 CEPC 和 STCF 两个重要项目，并都已开展相关的可行性研究和预研工作。

大型 CEPC 的束流能量的覆盖范围为 45～120 GeV、对撞亮度为 $(5\sim115)\times10^{34}\ \mathrm{cm}^{-2}\cdot\mathrm{s}^{-1}$ 的新一代正负电子对撞机装置。[16,17] CEPC 由直线加速器、增强器及局部双环结构的储存环组成，主储存环的周长为 100 km。项目预研时间为 5～7 年，工程建设时间为 8～10 年，项目估计的建设经费约为 360 亿元。CEPC 预期可以产生上百万个希格斯玻色子、上亿个 W 玻色子及上万亿个 Z 玻色子事例，还可以将束流能量升级到 180 GeV，产生数以百万的正反顶夸克对。CEPC 有重要的科学发现潜力，主要科学目标涵盖质量与电弱自发破坏的起源、希格斯玻色子和第三代夸克的特性、强相互作用的本质及新物理等重大科学问题。CEPC 的科学寿命长达数十年，将成为国际粒子物理实验的旗舰设施，推动我国在国际粒子物理实验领域进入国际领先地位。未来，CEPC 可以升级为超级质子对撞机，对撞能量可以高达 100 TeV，超过 LHC 近一个量级。意向性愿意参加 CEPC 项目的国内外单位有约 200 个，包括来自英国、德国、法国、意大利、瑞士、俄罗斯、美国等 24 个国家的 140 多个大学和研究所。

STCF 是束流能量覆盖范围为 1～3.5 GeV、对撞峰值亮度高于 $5\times10^{34}\ \mathrm{cm^{-2}\cdot s^{-1}}$ 的新一代正负电子对撞机装置。[28] STCF 的储存环为双环对称结构，周长约为 1000 m，项目需预研时间为 3～5 年，预研经费约为 3.64 亿元。工程建设时间约为 5 年，建设经费约为 45 亿元。STCF 在设计时预留未来进一步升级以提升峰值亮度和实现束流极化的潜力。装置建成后将运行 10～15 年，升级改造后再运行 5～10 年。STCF 将是世界上唯一运行在陶粲能区的正负电子对撞机装置，将成为国际五大基于加速器的粒子物理研究中心之一，将在陶粲物理、强子物理等领域引领国际发展，具有重大的发现潜力，覆盖重大前沿科学问题，包括强相互作用与强子结构、味物理和宇称对称性破坏，以及新粒子和超出标准模型新现象等。我国在陶粲领域的理论、实验及相关核心技术方面已有超过 30 年的研究经验和积累，在该研究方向处于国际领先水平，也培养和聚集了一大批专家人才，已具备建造 STCF 的技术基础、人才队伍和研究实力。在我国建造 STCF 的倡议得到了国内外大学和研究单位的支持，意向性参加该项目的国内外单位有 50 多个，包括 20 多个来自俄罗斯、英国、德国、法国、意大利、瑞典等的国际知名大学和研究所。

大型正负电子对撞机项目是未来国际上希格斯工厂的重要选项之一，是国际上下一代高能量前沿对撞机的理想选择。过去几年，CEPC 项目推动和预研进展显著，于 2018 年形成了概念设计报告，通过国际评审并正式发布；当前，项目团队正在开展加速器和探测器的关键技术预研工作。STCF 是我国继北京正负电子对撞机 / 北京谱仪后全新的运行在陶粲能区的大科学装置，是北京正负电子对撞机 / 北京谱仪项目的自然延续。从 2018 年起，我国启动了 STCF 项目的可行性研究、概念设计和关键技术预研等工作。当前，项目研究团队已经完成了概念设计，正在开展加速器和探测器的关键技术研究。

近年来，国际上各大基于对撞机的粒子物理实验组公布的 B 介子衰变的轻子普适性的检验 [88] 及美国费米国家加速器实验室的缪子反常磁矩 [5,6] 等物理结果，与标准模型的预言都有较大偏差，预示着新物理可能与缪子紧密关联。加强与缪子相关的实验研究，包括缪子类型的对撞机 [89] 的研发，是未来国际上基于加速器的粒子物理实验领域具有前瞻性的研究方向之一。为此，欧洲核子研究组织正在开展布局，并牵头成立了缪子对撞机（Muon Collider）合作组 [90]，目标是为缪子对撞机的概念设计和原型样机验证开展科学规划和准备，并争取在 5～10 年内完成对撞机概念设计报告。目前，参加成员包括美国、欧洲的 10 多个国际知名大学和研究所。我国的科学家也在逐步跟进，参与缪子束流及软件相关研究工作。

缪子对撞机与电子对撞机类似。与强子对撞机相比，缪子对撞机有非常干净的背景和更高的有效对撞能量。同时，相对于轻质量的电子，缪子的同步辐射损耗低了 8 个量级，将缪子环形加速到太电子伏特能区，所需储存环长只需要千米尺度。此外，缪子对撞机可以和缪子源实验装置结合，在低能区和高能区都有很丰富的物理研究内容。例如，在低能区，可以开展缪子打靶或者缪子电子 / 离子散射实验，探寻带电轻子味道破坏的新物理信号，测量强子真空极化对缪子反常的贡献[91,92]；在中高能区，可以精确检验标准模型[93]，也可作为希格斯工厂对希格斯性质开展精确测量[91,92]；在更高能区，可以探索相关新物理，如太电子伏特能级的轻子夸克[94]等。为此，欧洲粒子物理战略于 2020 年更新的基础审议文件指出，除强场磁体之外，加速器研发的蓝图应该包含对缪子对撞机的国际研发。缪子对撞机能够提供超越电子对撞机达到太电子伏特能标对撞能量的独特良机，可以在一个比强子对撞机更紧凑的圆形隧道中实现。然而，由于缪子的静止寿命只有 2.2 μs，如何得到高质量的缪子强束流、进行快速加速、压低缪子束流衰变本底，是目前缪子对撞机设计的最大挑战，创新思路已在研究探索中。

此外，在中高能核物理领域，我国科学家也在倡议中国电子-离子对撞机（Electron Ion Collider，EicC）高能核物理项目。EicC 是在我国已经开始建造的强流重离子加速器装置（HIAF）的基础上，建造了 8 字形离子环、电子注入器及跑道形电子环，能够提供 20 GeV 的极化质子束流和 2.8～5 GeV 的极化电子束流，从而实现质心系能量为 15～20 GeV 的双极化电子-离子对撞，为探索核子与原子核结构提供理想装置。[95] EicC 设计的亮度为 (2～4)×10^{33} $cm^{-2}\cdot s^{-1}$，质子束流极化率达到 70%，电子束流极化率达到

80%。该装置还能提供极化轻离子束流（如氦-3）和非极化重离子束流（碳-12～铀-238）。根据物理研究需求，研究人员将运用最先进的探测器技术建造接近全立体角覆盖的探测谱仪。EicC 将聚焦核子海夸克部分子、原子核物质结构和奇特强子态三个方面的物理研究，与美国将来建设的高能 EIC 项目[96]形成互补。EicC 将精密研究核子内部结构，包括核子质量、自旋起源和 QCD 色禁闭，同时深入研究原子核部分子分布，包括核子短程关联及原子核介质效应。EicC 装置的总造价约为 58 亿元，前期项目预研约需 5 亿元，项目预研 4 年，工程建设时间为 6～7 年，建成及运行必将引领国际中高能核物理前沿研究。国内核物理领域从 2012 年开始积极讨论建造 EicC，并分别于 2020 年和 2021 年完成项目中文、英文白皮书，同时启动了项目概念设计报告的撰写工作，预计 2023 年底完成。目前，国内外参加单位共有 45 个，包含 100 多位研究人员。

第三节　中国基于加速器的粒子物理领域地位的评估

我国基于加速器的粒子物理实验研究从 20 世纪 80 年代起步，经过 40 多年的努力，完成了 BEPC 的建造及其重大改造项目，取得了重大物理成果，引领国际陶粲领域和强子物理研究；积极参与了包括 LHC 实验在内的一系列国际合作，在不同方面的物理研究中做出了显著贡献；在加速器、探测器、电子学及科学计算等关键技术的研发、设计和研制等方面积累了丰富的经验。当前，我国是世界上屈指可数的几个拥有完整的对撞机设计与建造经验、运行能力的国家之一，已实现了邓小平同志要求的“在世界高科技领域占有一席之地”的目标。

但我们也应该清楚地看到，当前我国基于加速器的粒子物理实验研究的整体水平在国际上本领域的地位也就是“一席之地”而已。客观地说，我国在高亮度前沿实验的物理研究在国际上处于“并跑”或“领跑”阶段，在强子谱学、多夸克态、CP 破坏、核子结构等领域的研究中取得了重大进展；涌现出一批具有国际竞争力的优秀中青年人才，在北京谱仪、LHCb 及 BelleⅡ等实验的关键岗位中做出突出贡献，得到了国际同行的高度评价。在高能量前沿实验的物理研究中，我国的整体水平应该处于“跟跑”或“并跑”阶段。虽然我国的研究人员在 ATLAS 实验和 CMS 实验的希格斯玻色子的发现和性质测量、电弱物理的精确检验、新物理的探索等方面做出了重要贡献，但与国际领先水平尚有一定的差距；我国的研究人员服务于 ATLAS 实验和 CMS 实验两个实验的关键岗位偏少。更重要的是，与国际发达国家相比，我国当前在加速器、探测器和电子学等方面还有较大差距，鲜有原创性的核心技术，大量的前沿核心技术、关键部件和相关仪器特别是精密测量仪器 / 仪表和软件等不能自主可控，已面临被发达国家“卡脖子”的境况；对各国际大实验的技术输出和有实质性的贡献偏少；我国科学家在国际上的影响力和发言权总体不足，尚未通过竞争获得国际大型实验与项目的关键领导岗位，有影响力的学界领袖偏少。

面向未来，根据国家对基础研究和科技发展的战略需求，我国在粒子物理实验领域的人才队伍和技术储备、工业基础水平等综合实力及国际发展态势，结合《中华人民共和国国民经济和社会发展第十四个五年规划和 2035 年远景目标纲要》、经济发展规模及对基础科学的投入比例等，与世界发达国家的发展相比较，中国的粒子物理实验研究水平应该从“一席之地”和“国际先进”的地位快速进入“国际一流”行列，并逐步发展实现“国际领先”目标。要实现该目标，制定一个稳健、客观可行并具有前瞻性的中长期战略规划势在必行。

一个学科或领域的发展，应该在保持原有优势的基础上不断突破与创新，开拓新的研究方向，形成全面发展态势。为此，在过去的几年里，我国高能物理学界除了在高亮度前沿的超级陶粲装置项目，也在高能量前沿的环形正负电子对撞机希格斯工厂项目组织了预研团队，制定了项目规划和技术路线，并进行了大量的物理研究、项目设计和关键技术研发等，取得了显著进展。与此同时，我国高能物理学界也积极推动国际上相关预研项目的交流与合作。总之，我国高能物理学领域正处于积极发展态势，将从物理研究、技术创新、项目规划、人才培养、国际合作等多个方面准备组织牵头新一代基于加速器的粒子物理实验国际大科学装置。

第三章 中国基于加速器的粒子物理领域的关键科学问题、关键技术问题与发展方向

第一节　关键科学问题

粒子物理标准模型的发展及验证是过去半个多世纪以来粒子物理学发展的主旋律。标准模型统一描述了四大基本相互作用中的弱、电磁、强三种相互作用，并得到了大量的实验验证，是人类有史以来最伟大的科技成就之一。标准模型根据自旋将基本粒子分成费米子和玻色子两大类。费米子带有半整数的自旋，包括夸克、轻子及中微子，是组成物质的基本组分。玻色子带有整数自旋，传递基本粒子间的基本相互作用，包括传递电磁力的光子、传递强相互作用力的胶子及传递弱相互作用力的 W 玻色子和 Z 玻色子。被称为“上

帝粒子”的希格斯玻色子，被赋予了不同基本粒子质量，在标准模型中具有举足轻重的作用。在标准模型中，费米子可以分为三代：第一代包括上夸克、下夸克、电子及电子中微子，所有普通物质都是由第一代基本粒子组成的；第二代及第三代基本粒子只能存在于宇宙线中或在实验室中人工产生，并且在短时间内衰变成第一代粒子，是短寿命粒子。在标准模型框架下，这些基本粒子排列成三代，不同代间的四种相应粒子具有普适性，即粒子的性质和参与的相互作用几乎一致，唯一的区别就是质量不同，即存在质量等级差异。

电子与电子中微子，以及在第二代、第三代中相对应的粒子，统称为轻子。轻子没有“色”的性质，它们参与的相互作用力（即弱力和电磁力）会随着距离的增加而变弱。相反，夸克带有“色荷”，参与的强相互作用力会随着距离的增加而增强。夸克只出现于总色荷为零的夸克组合中，这些不同的夸克组合统称为“强子”。强子可以分为两种：由三个夸克组成的费米子（即重子），如质子及中子；由夸克–反夸克对组成的玻色子（即介子），如π介子等。标准模型的基本粒子及其能参加的相互作用见图 3-1。其中，从上到下分别为费米子、规范玻色子、希格斯玻色子。粒子间的连线表明这些粒子之间存在相互作用。例如，W 玻色子同

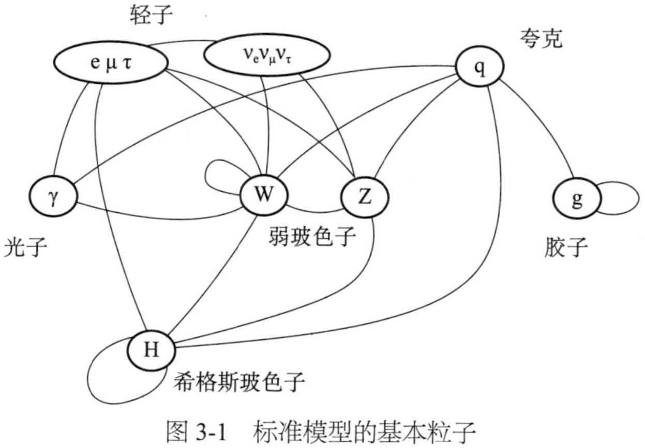

图 3-1　标准模型的基本粒子

所有费米子间都有连线，表明 W 玻色子可以在所有的费米子间传递弱作用力；同时，W 玻色子自身的连线代表存在自相互作用。

在过去的几十年里，粒子物理的研究取得了巨大进展，作为成功描述微观世界的标准模型得到了大量的实验验证，并逐步建立和完善。特别是，2012 年希格斯玻色子的发现，意味着标准模型所预言的所有基本粒子都已在实验中得到确认。这是物理学具有里程碑意义的胜利，也是人类智慧的丰碑。但是，标准模型不是终极理论模型，不能解释中微子的质量、夸克与轻子的味对称性、希格斯玻色子的质量来源及其相应的数值、真空的亚稳态等。同时，标准模型也无法描述引力，且没有涉及宇宙学观测结果所要求存在的暗物质、暗能量等。因此，自然界必然存在更基础的理论模型（即超出标准模型的新物理模型），而标准模型只是这个更基础模型在现有人类所能达到能标的一个近似。当前国际上高能量前沿和高亮度前沿的粒子物理实验装置尚未发现确切的新物理存在的证据，但其所取得的实验成果对标准模型及新物理模型的构建和理论的发展有非常重要的意义，发挥了关键作用。未来的基于加速器的粒子物理研究将进一步聚焦希格斯物理、电弱及顶夸克物理、味物理及 CP 破坏、强相互作用的色禁闭机制和强子结构、超出标准模型新物理等方向的研究，探索和解决目前粒子物理学面临的重大科学问题，寻找超越标准模型的更基础物理规律，将为超对称粒子等新物理的探索和研究提供前所未有的机遇，有望在新物理探索领域取得重大突破。

在实验方面，在高能量前沿，未来 LHC 实验计划开展几个阶段的升级计划，高亮度 LHC（HL-LHC）项目[14]预期在 2035～2038 年获取 3 ab^{-1} 质心能量为 14 TeV 的对撞数据，是目前数据的 20 倍，将为希格斯玻色子性质和电弱参数的精确测量及新物理的探索提供关键平台，其结果将决定未来国际高能量前沿基于加速器的粒子物理实验研究的走向和趋势。如果HL-LHC项目发现了新物理的迹象，LHC实验很有可能开展高能量LHC（HE-LHC）项目[97]，即提升质子对撞的质心能量到27 TeV，预期采集数据15 ab^{-1}。如果HL-LHC未发现新物理的迹象，相对于HE-LHC而言，建造质心能量为100 TeV的质子–质子对撞机，如中国倡议的SPPC或CERN倡议的FCC-hh方案，则是更有益的选择。SPPC和FCC-hh是CEPC与FCC-ee的升级，计划在100 TeV质心能量下累计总积分亮度为30 ab^{-1}的数据，其对新物理的探测能力将远超出HL-LHC。作为LHC之后高能量前沿可能的基于加速器的粒子物理实验重大项目，CEPC、FCC-ee、CLIC及ILC等高能量前沿的正负电子对撞机具有干净的对撞环境、已知的初末态运动学量、优异的运动学测量分辨率、粒子种类鉴别和重建能力，以及前所未有的高亮度，是开展希格斯玻色子性质和电弱物理量的超高精确测量的最佳选择。高能量的正负电子对撞机实验也可以间接为大量新物理模型（如超对称[9,10]、复合希格斯[11,98]、额外维[12,99]和规范群扩充模型[100]等）进行验证或证伪。同时，这些实验在轻新粒子寻找方面具有超越LHC的能力，能够探测到LHC实验不能涉及的参数空间，在新物理的探索中将发挥更重要作用。但是，在高亮度前沿的B物理能区，升级后的LHCb和BelleⅡ实验的首要目标是累计总积分亮度分别为50 fb^{-1}和50 ab^{-1}的实验数据。LHCb和BelleⅡ实验更长期的计划是分别获取总积分亮度为300 fb^{-1}和250 ab^{-1}的实验数据，将为研究B物理、CP破坏及间接探寻新物理提供重大机遇。在陶粲物理能区，目前正在运行的BEPCⅡ/BESⅢ实验获得了一系列重大研究成果，预期在未来10年能够有更多的成果。计划中的升级改造已于2024年12月完成，预期将质心能量4 GeV以上的亮度提高3倍，但与物理研究的实际需求还有一定差距。BEPCⅡ/BESⅢ实验由于意向固有的因素限制了其进一步大幅度提升性能的潜力，预期将结束运行，STCF将是未来在该能区的关键装置。计划中的STCF预期每年获取超过1 ab^{-1}的实验数据，整个项目累计获取超过15 ab^{-1}的实验数据，将为量子色动力学性质和强子物理的研究、味物理和CP破坏的精确测量及新物理的间接探索等提供关键场所。需要指出的是，由于超高的产生截面精度或亮度，LHCb和BelleⅡ实验既是B粒子工厂又是陶粲工厂，其可以通过初态辐射或底夸克的衰变大量产生粲夸克。即便如此，STCF在陶粲能区仍然具有一系列独特的性质，其对部分重要研究过程的探测能力或所能达到的物理参数空间是LHCb和BelleⅡ实验所不能及的。因此，未来STCF将继续主导陶粲能区的物理研究，而LHCb和BelleⅡ实验将为相应的研究提供重要补充，与STCF实验高度互补。另外值得一提的是，高能量前沿的正负电子希格斯工厂也是产额巨大、极为干净的Z工厂。以CEPC为例，它能在2年的时间内产生大约1万亿Z玻色子。由于Z玻色子能够衰变为标准模型中除顶夸克以外的所有费米子对，且衰变分支比较平均（3%～15%），通过Z玻色子衰变产生的大量重味强子，在味物理的研究中也具有巨大潜力和独特价值，与高亮度前沿的实验研究直接形成互补。

一、希格斯玻色子物理

希格斯场是标准模型的核心，与当前粒子物理领域面临的大量重大前沿科学问题紧密相关。2012年LHC发现的希格斯玻色子是希格斯场的激发态[101]，精确测定其性质将为探索粒子物理前沿、解决关键疑难问题提供全新的观测窗口和高效的探测手段。希格斯玻色子性质的精确测量是解决第一章中提到的与希格斯玻色子相关的重大科学问题的最重要途径。

在标准模型中，希格斯玻色子是一个基本的标量粒子，它参与了两种全新的相互作用，即希格斯玻色子和费米子的汤川（Yukawa）耦合，以及希格斯玻色子的自耦合；同时，希格斯场通过协变微商与电弱规范玻色子相耦合；希格斯玻色子的自相互作用导致了电弱对称性自发破坏，赋予希格斯场非零的真空期望值，并确定了电弱能标为 246 GeV。在电弱真空对称性自发破坏后，希格斯场通过自相互作用赋予希格斯玻色子质量，通过希格斯机制赋予 W/Z 规范玻色子质量，通过汤川耦合赋予费米子质量。作为标准模型中的质量之源，希格斯场决定了标准模型基本粒子的质量及其彼此之间的混合，也就是标准模型的味结构。

标准模型中的希格斯玻色子是基本粒子，它参与和传递的也是基本相互作用力。与之相对，大量新物理模型预言了希格斯玻色子是具有内部结构的复合粒子[11,98]，参与的相互作用也不能被视为最基本的相互作用。因此，如果在实验中能够确定希格斯玻色子具有内部结构，我们就可以确认新物理的存在；反之，则确认了两种全新的基本相互作用或者说是基本力。

精确测量希格斯玻色子同标准模型中其他基本粒子的耦合行为是判断希格斯玻色子是否为复合粒子的重要判据。如果希格斯玻色子具有内部结构，那么它和其他标准模型基本粒子的耦合行为相对于标准模型的预言将会出现一定偏离。一般而言，如果希格斯玻色子与标准模型其他基本粒子的耦合常数在 0.1%～1% 的相对精度下与标准模型的预言相吻合，就意味着希格斯玻色子在 1～10 TeV 的能标下不存在内部结构。因此，精度越高，可探索的新物理的能标也就越高。

大量的研究表明，宇宙大爆炸后约 0.1 ns 发生的电弱相变是决定宇宙结构和物质起源的关键过程。粒子物理标准模型预言，在这个电弱相变过程中希格斯场的真空期望值从 0 提升到电弱能标，并赋予其他粒子以质量。一方面，若电弱相变是一阶的，则在原有期望值为 0 的真空中将出现期望值在电弱能标的真空气泡，这些真空气泡将在物质的产生中发挥重要作用；另一方面，粒子物理标准模型预言了接近二阶的电弱相变，二阶相变既不会产生真空气泡也无法在相变中产生足够的物质-反物质不对称性，不足以支持宇宙中物质的产生。希格斯玻色子的自相互作用决定了希格斯场势能形状，也决定了宇宙早期的电弱相变过程。因此，精确测量希格斯玻色子的自相互作用（即自耦合常数）能够确定希格斯场的标量势能形状，预期宇宙早期电弱相变过程，有助于理解宇宙中物质的起源。

天文观测显示，可见物质的质量在宇宙中占总质量的比值约为 5%，暗物质的质量占比约为 27%，暗能量的质量占比则约为 68%[102]。由此可见，宇宙中存在的暗物质的质量远大于可见物质的质量。绝大部分暗物质以具有静止能量、运动速度远低于光速的冷暗物质形态存在。理论研究认为，作为标准模型中质量之源的希格斯场对暗物质的质量也有贡献。这就意味着，希格斯玻色子和暗物质粒子之间可能存在耦合，因此希格斯玻色子也有可能衰变为暗物质粒子或与暗物质伴随产生。因此，希格斯玻色子不可见衰变或伴随产生的探测将为人类发现暗物质粒子、确定希格斯玻色子同暗物质粒子之间的全新相互作用提供重要场所。

综上所述，对希格斯玻色子性质（包括希格斯玻色子同标准模型中其他基本粒子的耦合、希格斯玻色子自耦合、希格斯玻色子稀有衰变或不可见衰变、希格斯玻色子衰变总宽度等）的精确测量，将为深入理解电弱真空自发破坏机制，并确认全新的基本相互作用机制、理解质量起源、发现暗物质、探索新物理等提供重大机遇。因此，希格斯玻色子性质的精确测量是未来粒子物理领域高能量前沿最重要的科学目标之一。高统计量、高精度的希格斯玻色子样本是实现该目标的基础，高产额、高信噪比的希格斯工厂是理想装置。目前已有或未来可能有的多个不同类型的大型对撞机装置将为希格斯玻色子性质的全方位、高精度的测量提供重要场所。表 3-1 总结了高能量前沿不同类型希格斯工厂的希格斯玻色子总产额、探测效率及相应的物理灵敏度等。[18,103,104]

表 3-1　高能量前沿希格斯工厂的简要性能比较

项目	希格斯工厂类型		
	HL-LHC	正负电子希格斯工厂	百太电子伏特质子对撞机
希格斯玻色子的产额	1×10^{8}	1×10^{5}～1×10^{6}	1×10^{9}
希格斯事例探测效率	0.1%～1%	约100%	0.1%～1%
希格斯标准模型基本粒子耦合常数测量精度	＜4%	0.1%～1%	约1%
希格斯玻色子自耦合常数	约50%	10%～50%	5%

（一）LHC 及其高亮度升级后的 HL-LHC

当前正在运行的 LHC 本身就是希格斯工厂。LHC 已经产生了数以千万的希格斯玻色子，而正在升级的 HL-LHC 项目预期把希格斯玻色子的产额提高到上亿量级。质心能量高达 14 TeV 的 LHC 能够从不同的过程大量产生希格斯玻色子，而性能精良的 ATLAS 探测器和 CMS 探测器可以高效率、高分辨率地区分不同产生过程与衰变模式的希格斯事例。LHC 可以对希格斯玻色子的性质展开精确测量，为希格斯玻色子性质的研究提供大量关键信息。例如，直接测量希格斯玻色子与顶夸克的耦合强度；利用微分截面来区分顶夸克和其他可能的重粒子对希格斯玻色子和胶子耦合的圈图修正贡献，以及区分不同的六维算符对希格斯玻色子和矢量玻色子耦合的修正等[105,106]；HL-LHC 的更高统计量的数据会大幅度提升希格斯稀有衰变的耦合强度的测量精度。但是，相对于电子对撞机，强子对撞机巨大的强相互作用本底和可观的理论误差会限制 LHC 对希格斯玻色子的观测模式、探测效率及测量精度。HL-LHC 预期在模型依赖条件下将希格斯玻色子与标准模型其他基本粒子的耦合常数的相对测量精度提升到 5% 以内，对希格斯玻色子的自耦合常数的相对测量精度约为 50%。

（二）正负电子希格斯工厂

相对于强子对撞机，正负电子希格斯工厂拥有极干净的对撞环境、极佳的信噪比，对希格斯玻色子性质的精确测量具有一系列独特的性质，如相关的测量不受潜在事例堆积现象的影响；产生过程的理论计算对高阶 QCD 初态辐射修正的依赖小，能够更精确地检验理论预言；利用反冲不变质量谱可以明确标记 $e^+e^- \rightarrow ZH$ 事例，从而确定希格斯玻色子的总产额等。基于这些独特性质，正负电子希格斯工厂可以对希格斯玻色子的衰变总宽度、自耦合常数、与费米子和玻色子的耦合常数等关键物理量开展无模型依赖的绝对测量。相对于 LHC 实验，未来的正负电子希格斯工厂具有明显的精度优势，可以在 HL-LHC 的基础上大幅度提升希格斯玻色子性质的测量精度，同时也与 LHC 实验研究有高度互补性。

如前所述，当前国际高能物理学界倡议了 ILC、CLIC、CEPC 和 FCC-ee 4 个正负电子希格斯工厂，并且都正在开展相应的项目可行性研究和部分关键技术的预研工作。未来的正负电子希格斯工厂可以产生数十万个到上百万个希格斯玻色子，可以将希格斯玻色子同规范玻色子或费米子的耦合常数的测量精度大幅度提升

2～10 倍（图 3-2）[18,103,104]，大部分测量精度优于 1% 的相对精度；有望将希格斯玻色子自耦合常数的相对精度提升到 10%～50% 水平；由标准模型的希格斯场耦合项衍生的 CP 破坏效应的测量灵敏度可达 1%；在希格斯稀有衰变等方面（如希格斯玻色子衰变到不可测粒子、长寿命粒子等）的探索中有巨大优势（图 3-3），相应的分支比上限可达万分之一甚至更低的水平。

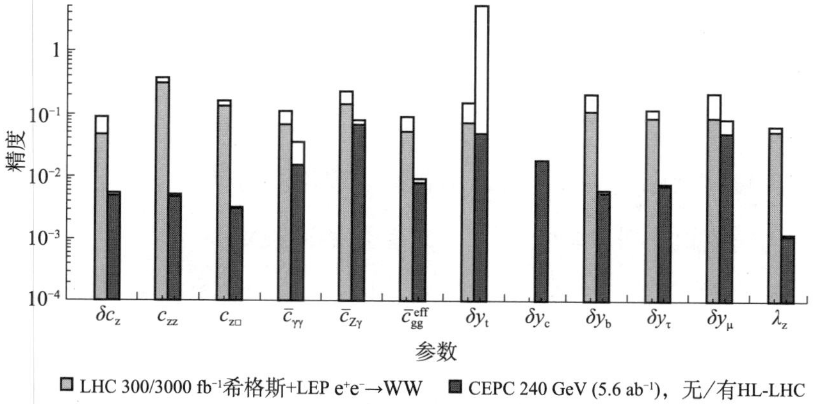

图 3-2　未来正负电子希格斯工厂和 HL-LHC 对与希格斯玻色子相关的关键参数测量精度比较

前者的精度在多个重要参数上超越后者达 1 个量级

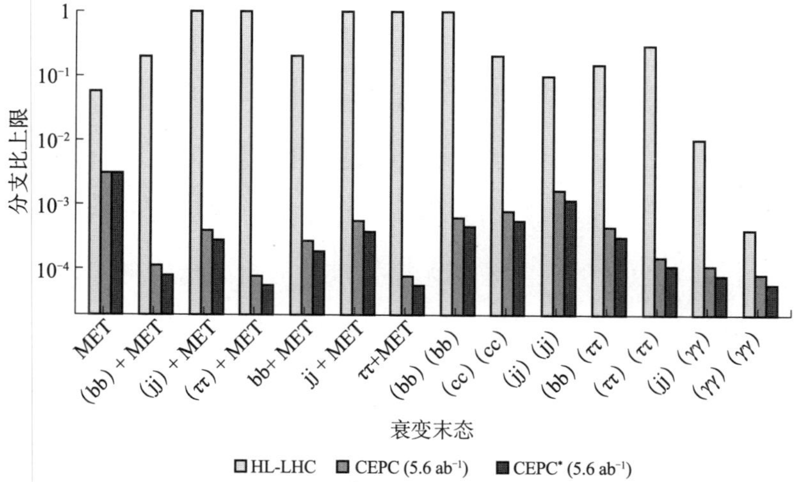

图 3-3　未来正负电子希格斯工厂和 HL-LHC 对希格斯玻色子稀有衰变的测量精度比较

依赖于不同的事例拓扑，前者的测量精度超出后者 1～3 个量级

（三）其他希格斯工厂

下一代可能的正负电子对撞机希格斯工厂和 FCC-ee 都拥有周长为上百千米的储存环，有望在更远的未来升级改造为质心能量达百太电子伏特的质子–质子对撞机（即 SPPC 和 FCC-hh），可以在更高能区直接探索新物理。未来的质子–质子对撞机预期能产生 10 亿个以上的希格斯玻色子，可以通过更丰富的产生模式对希格斯玻色子的性质展开全面的精确测量，可以大幅度提升希格斯玻色子与顶夸克、缪子、光子及 Z_γ 耦合的测量精度。[104] 更重要的是，在未来的 SPPC 和 FCC-hh 实验中，双希格斯玻色子产生截面的精度将大幅度提高，可以将希格斯玻色子的自耦合强度测量的相对精度提升到 5% 水平 [107]，具有重大科学意义。

当前，除了正负电子对撞机和质子–质子对撞机，国际粒子物理学界还在倡议多种其他类型的希格斯工厂，包括光子对撞机 [108]、缪子对撞机 [89]、电子–质子对撞机 [109] 等。这些不同类型的希格斯工厂可以通过不同模式产生希格斯玻色子，在部分希格斯玻色子耦合常数的测量上具有显著优势。例如，光子和缪子对撞机可以非常精确地测定希格斯玻色子与光子和缪子的耦合常数，而电子–质子对撞机可以精确测量希格斯玻色子与 W 规范玻色子的耦合常数。但是，相对于正负电子对撞机希格斯工厂，这些装置的希格斯玻色子的总产额偏低，且无法对希格斯玻色子的性质开展无模型依赖的全面精确测量，整体物理潜力相对偏低。另外，光子对撞机和缪子对撞机的技术还在早期研发和论证阶段，需要更多的时间和经费投入以继续推动相关新技术的发展，如缪子束流冷却技术和亮度，但仍值得关注。

二、电弱理论及顶夸克物理

在标准模型里，传递电弱相互作用力的大质量介子（如 W 玻色子和 Z 玻色子）通过自发对称性破坏希格斯机制获得了质量。希格斯机制引入了一个具有 4 个自由度的复标量场，其中 3 个自由度导致 W 玻色子和 Z 玻色子获得质量，而第四个自由度则生成了一个标量希格斯玻色子。目前，希格斯玻色子已在实验中得到证实，标准模型取得了巨大成功。

标准模型的电弱理论和自发对称性破坏理论希格斯机制紧密相关，含有丰富的物理内容。首先，电弱理论相关的精确观测量，如 W 玻色子和 Z 玻色子及顶夸克的质量、温伯格混合角 $\sin^2\theta_W$ 及对撞机上的极化或前后不对称性等，都可以用来检验标准模型的自洽性；其次，电弱理论相关的物理过程是探索新物理的主要本底，也是有效约束部分子分布函数的重要载体；此外，高能量高亮度前沿的实验观测到了一系列标准模型预期的稀有过程，如三规范玻色子的产生及矢量玻色子散射过程等，为深入检验标准模型开辟了新的研究相空间。因此，更高精度地验证标准模型的电弱统一理论是当前粒子物理领域的重要任务之一。

作为标准模型的第三代费米子，顶夸克具有一系列独一无二的性质：顶夸克的质量为 172.5 GeV，是标准模型中最重的基本粒子；顶夸克与希格斯玻色子的耦合常数接近于 1，是与希格斯玻色子耦合最强的费米子，处于非微扰领域，同时也是对希格斯势修正量最大的费米子，直接影响了真空的稳定性；顶夸克的寿命短至 4×10^{-25} s，是唯一在形成强子之前就衰变的夸克。一系列独特的性质使得顶夸克成为研究费米子的质量起源和夸克性质、精确验证标准模型、发现新物理理想的场所之一。

另外，电弱理论及顶夸克相关的物理可以用来探测与验证规范玻色子及顶夸克相关的反常耦合和有效理论，为间接探测新物理提供了重要途径。相关研究具有长期性、全局性和挑战性。

精确检验标准模型电弱理论的一个重要途径是检验实验直接测量值与全局拟合间接测量结果的自洽性，以及检验不同实验结果的自洽性。目前，该检验还存在许多不完美之处：如LHC和Tevatron的W玻色子质量的直接测量值比电弱拟合的间接测量值高2倍标准差，如图3-4（a）所示；希格斯玻色子的质量直接测量值比电弱拟合的间接测量值偏高[105]，如图3-4（b）所示；美国SLAC实验的弱混合角测量值比欧洲LEP的测量值高3倍的标准差[110,111]；当前顶夸克质量的实验误差为0.3 GeV，而真空稳定性的研究对顶夸克质量的测量精度提出了更高要求；顶夸克相关的极化、自旋、电荷、CKM矩阵元，$|V_{tb}|$等测量精度相对标准模型预言仍有较大的改进空间。一系列的不完美之处急需新一代的实验开展更精确的测量。未来的正负电子希格斯工厂与FCC-ee实验预计能够产生超过1万亿个Z玻色子，是LEP实验的1万倍，预期能把电弱理论和顶夸克相关的物理观测量的测量精度提高两个数量级，可以超高精度地验证标准模型电弱理论的自洽性，探索新物理存在的迹象。

LHC、HL-LHC及下一代正负电子对撞机希格斯工厂实验，将对标准模型的电弱理论和顶夸克物理开展更广泛、深入和细致的检验，如探测和发现矢量玻色子的纵向极化散射可以直接验证希格斯幺正性机制；精确测量顶夸克与希格斯玻色子的耦合，可以进一步理解费米子的质量起源；系统性、高精度地开展标准模型

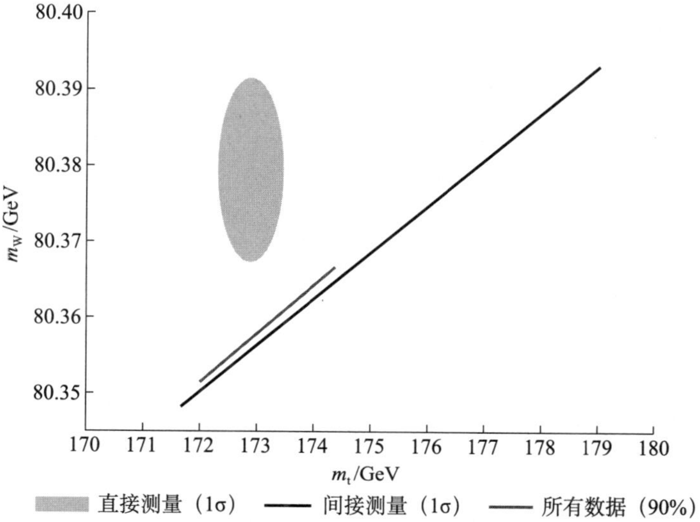

（a）W玻色子质量与顶夸克质量的二维相空间投影

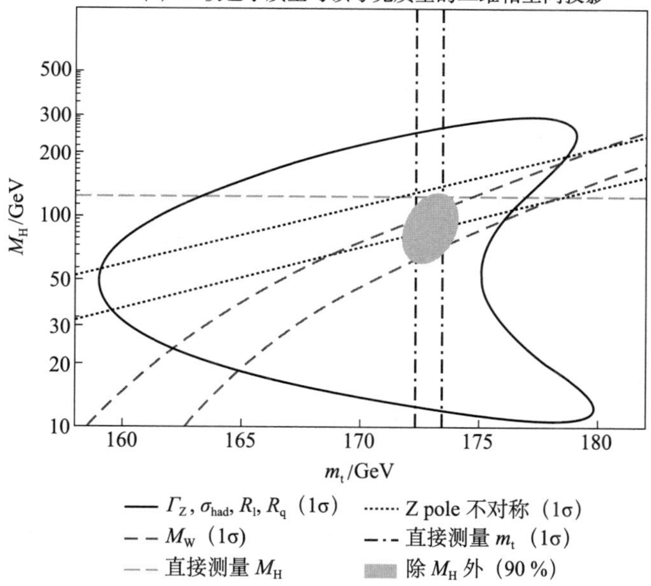

（b）希格斯玻色子质量与顶夸克质量的二维相空间投影

图 3-4　实验直接测量值与电弱作用全局拟合间接测量结果比较

过程的微分截面测量，可以在有效理论框架下全局性地检验标准模型的自洽性，间接地探索高能标的新物理。预期未来的电弱和顶夸克物理相关的关键物理量的测量精度如表 3-2 所示[112-114]，相应的发展趋势如下所述。

表 3-2　已有或预期的代表性电弱理论和顶夸克相关物理量的测量精度

测量精度	物理量			
	W 玻色子的质量（m_W）	Z 玻色子的质量（m_Z）	顶夸克的质量（m_{top}）	弱混合角
目前精度	19 MeV	2 MeV	0.5 GeV	0.000 5
HL-LHC	10 MeV	NA	0.2 GeV	约0.000 1
下一代正负电子对撞机	0.3 MeV	0.1 MeV	0.01 GeV	0.000 01

（1）LHC Run2（目前水平）。LHC 已有的 W 玻色子质量测量精度达到 19 MeV[74,115]，有效弱混合角的测量精度达到 0.0005，顶夸克质量误差达到 0.5 GeV[116,117]；发现 ttH 过程，确定顶夸克质量的起源[118]，发现 tZq 过程[119]；测量双玻色子产生截面的精度达到 1% 水平[120]，发现一批矢量玻色子散射和三玻色子过程，反常三、四规范玻色子耦合强度的灵敏度[121]超过 LEP 实验。

（2）LHC Run3。LHC Run3 将精细测量一批电弱理论和顶夸克相关物理过程的微分截面；发现一批稀有过程，如 4-顶夸克产生、新的一批矢量玻色子散射和三玻色子过程等；限制顶夸克汤川耦合的 CP 性质、顶夸克汤川耦合与 W-希格斯玻色子耦合干涉相角等；利用电弱理论、顶夸克和希格斯物理相关的测量结果开展全局拟合，检验标准模型有效理论。

（3）HL-LHC。在 HL-LHC 实验中获取的高统计量和高能量的数据将为测量高能标下的物理过程、高精度检验电弱理论与顶夸克物理提供机遇。另外，HL-LHC 的探测器升级对于改进相关测量的灵敏度有积极作用。例如，高颗粒度量能器和高时间分辨率探测器可以有效压低 Pile-Up 堆积效应，提高矢量玻色子散射过程的前向喷注鉴别效率；大快度区域扩充的径迹探测器及触发系统的升级，对于多玻色子末态（如轻子）的鉴别效率等有大幅度提升。预期 HL-LHC 的 W 玻色子质量的测量误差将达到 10 MeV，主要误差来源于质子的部分子分布函数的误差及中微子横动量的测量误差；有效弱混合角的测量精度将达到 0.0001，与电弱拟合的精度相当。以上成果的获得，也在一定程度上得益于质子的部分子分布函数和高阶 QCD 及电弱效应的相关理论研究进展。另外，HL-LHC 实验预期顶夸克质量测量误差达到 0.2 GeV，质子－质子对撞中的色关联等理论及喷注的能量测量精度将是最主要的误差来源；ttH 截面的测量精度将达到 3.5%～5.5%，可以有效限制希格斯玻色子的自耦合强度；双玻色子纵向极化散射的观测敏感度达到 3 倍标准偏差；继续在标准模型有效理论框架下开展全局拟合研究，间接探测新物理。

（4）未来正负电子希格斯工厂。如图 3-5 和表 3-2 所示，未来 CEPC、FCC、CLIC 和 ILC 等正负电子希格斯工厂预期在电弱理论和顶夸克物理相关的关键物理量的测量精度比 HL-LHC 实验值提升 1～2 个数量级。未来，正负电子希格斯工厂在电弱物理和顶夸克物理精度的大幅度提升，除了得益于大统计量及正负电子对撞机具有的低本底、高信噪比等优势外，还得益于正负电子对撞实验中不存在强子对撞机上测量电弱物理最大的误差来源，即质子部分子分布函数的误差。

另外，未来正负电子对撞机可以通过阈值扫描等技术有效地提高电弱理论和顶夸克物理相关物理量的测量精度。例如，在正负电子对撞机的双 W 玻色子产生阈 160 GeV 附近开展阈值扫描，可以将 W 玻色子质量测量误差控制到 0.3 MeV 左右；利用 Z pole 的阈值扫描，Z 玻色子的质量测量精度可达 0.1 MeV，主要系统误差来自正负电子束流能量的误差；有效弱混合角的测量精度将达到 0.000 01；双玻色子纵向极化散射的显著度将远超过 5 倍的标准

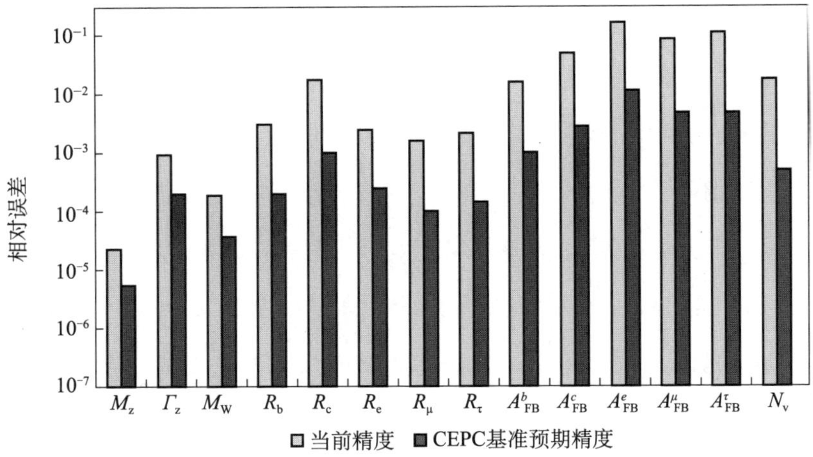

图 3-5 CEPC 电弱物理观测量的预期测量精度和现有测量精度对比

差。另外，未来正负电子对撞机可以在双顶夸克产生阈 345 GeV 附件开展阈值扫描，顶夸克质量的测量精度将达到 10 MeV 以下（0.005% 以下）；反常多玻色子耦合、反常顶夸克汤川耦合的灵敏度预计比 HL-LHC 提升了 1～2 个数量级，间接探测新物理的灵敏度也显著提升。

值得注意的是，在未来的实验中，高精度的 QCD 和电弱理论相关的圈图计算是改善实验测量中由理论导致的误差至关重要的途径。随着 LHC 和 HL-LHC 的持续运行及不同的高亮度正负电子希格斯工厂方案的提出，未来实验在不同散射过程中的数据统计量将大幅度增加，对标准模型参数的测量误差也将不断降低，从而将大幅度提升探测超出标准模型新物理信号的敏感度。然而，实验测量物理结果的误差不仅有来自实验测量本身的误差，也在一定程度上依赖理论的不确定性。引入更高阶的量子辐射修正（包括 QCD 效应和电弱效应）是提高理论预言精度的重要途径。在 LHC 等强子对撞机上，高阶 QCD 辐射修正效应往往会对理论预言值产生重大影响，但无质量非阿贝尔规范场为高阶 QCD 辐射修正的计算带来极大的复杂性。另外，在固定阶理论计算中，除了重整化问题之外，还需要处理 QCD 红外发散问题，而如何准确高效地解决复杂的散射过程中的 QCD 红外发散问题是目前 QCD 高精度计算中最具挑战性的研究课题之一。[122] 此外，对于横向动量、不变质量等重要观测量的分布，在相空间边缘处往往存在大对数项而导致理论预言与实验数据存在大幅度偏离，需要运用基于重整化群演化的重求和方法将更高阶的软共线辐射效应引入理论计算中，从而获得更精确的理论预言。另外，在未来正负电子希格斯工厂的散射实验中，电弱辐射修正效应将对理论预言产生重大影响。未来，正负电子希格斯工厂的设计方案要求大部分希格斯衰变分支比的测量精度达到 1% 以下。这就要求大量散射过程的理论预言必须包括次次领头阶的电弱辐射修正效应。由于传递弱相互作用的规范玻色子带质量，因此高阶电弱辐射修正理论计算往往会涉及多标度、多圈图的费曼振幅问题。在过去许多年，理论学家在该领域的解析计算方法上获得了重大突破，不仅获得了大量费曼振幅的解析结果，而且直接推动了人们对费曼积分甚至量子场论理论的深入理解，但在一些复杂的费曼振幅计算中仍面临巨大挑战。[123] 因此，近几年在对撞机物理精确研究的强烈需求下，人们开始研究数值计算的方法，在大规模计算集群的支持下获得散射截面等物理观测量的数值结果。[124-126] 总之，未来对 QCD 和电弱高阶高精度理论计算的研究既能推动人们对 QCD 和电弱动力学机制的理解、降低相关理论对实验测量带来的误差，又将有效降低理论预言的不确定度，具有重大科学意义。

三、味物理和 CP 破坏

味物理通过研究基本粒子“味”量子数的对称性和动力学机

制，高精度地检验了标准模型，是粒子物理高亮度前沿的重要研究目标之一。标准模型中与“味”直接相关的疑难问题表现在独特的味结构及与希格斯的耦合强度，即为什么存在三代夸克和轻子、为什么不同代夸克和轻子的质量及混合强度存在天壤之别。在标准模型中，夸克的弱相互作用本征态与质量本征态并不一致，二者之间存在一个变换矩阵，称作 CKM 矩阵。[127,128] CKM 矩阵描述了夸克间的味结构及混合强度，是标准模型的重要组成部分。电荷共轭和空间宇称的对称性与破坏一直是粒子物理领域探索自然界基本规律的前沿。在标准模型中，弱相互作用中的 CP 破坏可以由 CKM 矩阵来描述，但是真正决定 CP 破坏及其尺度的根源或机制一直是悬而未决的科学问题。苏联科学家提出了解释宇宙大爆炸中正反物质不对称性的三大条件（热力学非平衡、重子数不守恒、C 和 CP 对称性不守恒）。[7] 但是，目前公认或已经测量到的 CP 破坏程度远不足以解释所观测到的宇宙大爆炸中的正反物质不对称性，有必要寻找新的 CP 破坏来源。因此，味物理需要解决的关键科学问题包括：精确测量 CKM 矩阵元，检验其幺正性；精确检验标准模型中的 CP 破坏参数，理解 CP 破坏的起源与机制，寻找 CP 破坏新的来源。味物理研究的一个显著特征是超高精度测量，需要利用大统计量的重味强子数据开展联合分析，需要不同能区间的对撞机共同协作。在实验中观测到的任何与理论预期不一致的现象，都意味着新物理的存在。

（一）CKM 矩阵精确测量和 CP 破坏

最小标准模型 [129] 中除中微子的质量外共有 18 个自由参数，其中与味物理相关的有 13 个参数，包括 6 个夸克的质量、3 个带电轻子的质量及 CKM 矩阵中的 4 个参数。由此可见，味物理是标准模型的重要部分，其研究对精确检验标准模型有重要科学意义。CKM 矩阵是标准模型的基本参数，而且标准模型中唯一的复相位来自 CKM 矩阵，是标准模型中 CP 破坏的唯一来源。CKM 矩阵的一个重要预言是幺正性，即存在幺正三角形，对幺正三角形的测量和幺正性验证涉及矩阵元及相应的相角等多个物理量。[130] 精确测量相应的矩阵元和相角，可以检验 CKM 矩阵的幺正性，探索标准模型中的 CP 破坏机制并寻找新的 CP 破坏来源。任何与期望值的显著偏离都预示着 CKM 矩阵的不完备性。

根据 CKM 矩阵的幺正性，人们可以构建出不同的幺正三角形。如图 3-6 所示，重味物理常用的 α、β、γ 角度即为其中 $V_{\mathrm{ud}}V_{\mathrm{ub}}^{*}+V_{\mathrm{cd}}V_{cb}^{*}+V_{\mathrm{td}}V_{\mathrm{tb}}^{*}=0$ 所确定三角形的三个相角，其中的 $|V_{\mathrm{ub}}|$ 和 $|V_{\mathrm{cb}}|$ 等 CKM 矩阵元的大小则决定了不同代之间耦合的强度。对 CKM 矩阵幺正性的高精度验证包括 $|V_{\mathrm{ub}}|$ 和 $|V_{\mathrm{cb}}|$ 矩阵元及 α、β、γ 相角的高精度测量。其他常用的 CKM 矩阵参数还有 ϕ_{s}，它是由 $V_{\mathrm{us}}V_{\mathrm{ub}}^{*}+V_{\mathrm{cs}}V_{\mathrm{cb}}^{*}+V_{\mathrm{ts}}V_{\mathrm{tb}}^{*}=0$ 所确定三角形的相角。此外，PDG[131] 显示 CKM 矩阵的第一行与上夸克相关的矩阵元已达到很高的测量精度$|V_{\mathrm{ud}}|^2+|V_{\mathrm{us}}|^2+|V_{\mathrm{ub}}|^2=0.9985\pm0.0006$，而第二行与粲夸克相关矩阵元的测量精度稍显逊色，$|V_{\mathrm{cd}}|^2+|V_{\mathrm{cs}}|^2+|V_{\mathrm{cb}}|^2=1.025\pm0.022$，误差主要来自 $|V_{\mathrm{cd}}|$ 和 $|V_{\mathrm{cs}}|$ 矩阵元，亟待改善。

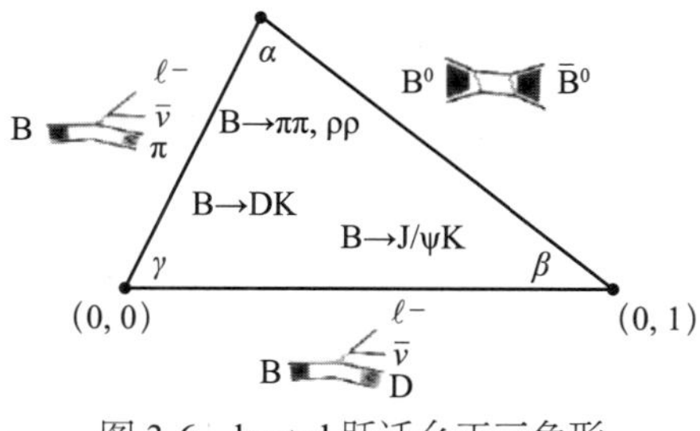

图 3-6 b → d 跃迁幺正三角形

CKM 矩阵元 $|V_{ub}|$ 和 $|V_{cb}|$ 可以通过底夸克介子的半轻弱衰变进行测量。现在的测量结果主要来自 B 介子工厂，相关的测量可以分为单举和遍举半轻衰变两种不同形式。但是，目前的测量结果存在约 3σ 的偏差，一直是悬而未决的问题。以 $|V_{ub}|$ 的测量为例，遍举过程为 $B \to X_u \ell \upsilon$，这里的 X_u 为包含 u 夸克的所有可能的轻强子（如 π，ρ，ω，η′ 等），ℓ 为轻子 e 或者 μ。遍举过程的测量值为 $|V_{ub}|=3.65\times10^{-3}\times(1\pm2.5\%\pm3.0\%)$[132]，其中第一项为实验误差，第二项为理论误差；单举过程则只要求费曼图过程为 $b\to u\ell\upsilon$，测量值为 $|V_{ub}|=4.47\times10^{-3}\times(1\pm6.0\%\pm2.5\%)$。[133] 类似地，对 $|V_{cb}|$ 测量可以通过半轻过程 $B\to X_u\ell\upsilon$。这里的 X_c 为包含 c 夸克的介子。相应的遍举和单举过程测量的 $|V_{cb}|$ 分别为 $39.0\times10^{-3}\times(1\pm3.0\%\pm1.4\%)$[130] 和 $42.2\times10^{-3}\times(1\pm1.8\%)$[134]，偏差也是约 3σ。作为实验输入值时，通常取两种不同测量方式的平均值，但这不能掩盖两种测量结果的差别引起的“危机”。未来 LHCb 与 BelleⅡ实验测量，通过遍举 B 介子过程，预期的实验测量精度可以达到 1.1% 水平，相应的理论精度也可以降到 1% 水平。

CKM 矩阵元 $|V_{cs}|$ 和 $|V_{cd}|$ 则主要由粲介子 $D^{0/\pm}$ 和 D_s^+ 的纯轻子或半轻子衰变来测量。在实验中，通过精密测量粲介子的纯轻子或半轻子衰变的衰变（微分）分支比，结合国际格点 QCD 计算粲介子衰变常数或衰变形状因子，可以抽取相应的 CKM 矩阵元 $|V_{cs}|$ 和 $|V_{cd}|$。近年来，得益于格点 QCD 计算的衰变常数的精度大幅度提升（达到 0.2% 水平）[135]，通过纯轻衰变 $D^+\to\mu^+\nu_\mu$ 和 $D_s^+\to\mu^+\nu_\mu$ 提取 CKM 矩阵元 $|V_{cs}|$ 和 $|V_{cd}|$，单次最高测量精度均来自 BESⅢ实验，分别为 2.5% 和 1.5%。[136-141] 其中，$|V_{cd}|$ 中的统计误差为主，而 $|V_{cs}|$ 中的统计误差与系统误差相当。BESⅢ 实验将获取 20 fb^{-1} ψ(3770) 数据及更多的 D_s^+ 数据，使 $|V_{cd}|$ 和 $|V_{cs}|$ 的测量精度达到 1%

水平[50]，有效降低了误差。虽然 BelleⅡ实验在 $|V_{cd(s)}|$ 的测量中有望把统计误差降低到 BESⅢ的实验误差以下，但由于其一系列不可忽视的系统误差，BESⅢ的实验结果未来在国际上将继续引领 $|V_{cd}|$ 和 $|V_{cs}|$ 的测量精度。值得说明的是，由于衰变形状因子误差的贡献，当前粲介子半轻子衰变测量的 $|V_{cd}|$ 和 $|V_{cs}|$ 的精度比纯轻子衰变的结果差得多，但是高统计量的半轻子衰变仍是提升 $|V_{cd}|$ 和 $|V_{cs}|$ 测量精度的重要补充。特别是，随着格点 QCD 计算精度的显著提升，BESⅢ有望在半轻子衰变中把 $|V_{cd}|$ 和 $|V_{cs}|$ 的实验测量精度提升到 1.0% 水平，与纯轻子衰变的测量精度相当。这是提高 CKM 矩阵元的测量精度的重要补充，也能够检验在不同衰变过程中 $|V_{cd}|$ 和 $|V_{cs}|$ 测量结果的自洽性。未来的 STCF[142] 预期可以把 $|V_{cd}|$ 和 $|V_{cs}|$ 的测量精度提升一个数量级，达到与 CKM 矩阵第一行上夸克相关的矩阵元相当的精度。此外，STCF 通过粲重子、超子和陶轻子的衰变，也能够对 CKM 矩阵元 $|V_{ud}|$ 和 $|V_{cs}|$ 进行精确检验，预期的统计误差将在 $O(10^{-3})$ 或更好的精度。

实验中检验 CKM 矩阵幺正三角形是否闭合是检验标准模型的重要课题。国际上，B 工厂和 LHCb 实验对该三角形的三个内角 α、β 和 γ 开展了精密测量。当前，γ 相角的实验测量精度对高精度检验三角形的幺正性形成了挑战，改善 γ 相角的实验测量精度是未来国际重味物理领域的最重要研究课题之一，也是未来 LHCb 和 BelleⅡ实验的最高优先级研究课题。[25,143] CKM 相角 γ 主要是通过研究树图过程 $\bar{b}\to\bar{c}u\bar{s}$（CS 过程）和 $\bar{b}\to\bar{u}c\bar{s}$（CF 过程）的干涉进行测量的，也可以是圈图过程，如 $b\to d$，$b\to s$ 等。γ 相角是唯一的可以通过树图过程抽取的 CP 破坏参数，相应的理论不确定性几乎可以忽略。因此，γ 相角也被认为是精确检验电弱模型和深入理解 QCD 理论的重要探针。在实验中，γ 相角的测量

利用了 $B \to D^{0(*)}K^{(*)}$ 与 $B \to \bar{D}^{0(*)}K^{(*)}$ 之间的干涉效应，如图 3-7 所示。但是，这个测量结果严重依赖中性粲介子 D^0 与其反粒子 $\bar{D}^0$ 衰变到相同强子末态的关联因子或强相位差等输入衰变参数。随着未来 LHCb 和 BelleⅡ实验的统计误差的逐步缩小和测量精度的大幅度提升，这些输入衰变参数对 γ 相角的实验测量结果的误差贡献就越显突出，严重制约了相关检验的整体敏感度。此外，对 LHCb 和 BelleⅡ两个实验而言，由强相角差等输入衰变参数在 γ 相角实验测量中引入的误差贡献在两个实验间是完全关联的，无法通过不同实验的测量而加以约束或限制。另外，在味物理的实验研究中，中性 D 介子衰变的强相角是多个与中性 D 介子相关的测量。例如，$D^0-\bar{D}^0$ 混合和 CP 破坏的测量，在 $B^0 \to D^{(*)0}\pi^0$ 衰变中，测量时间依赖的 CP 破坏及与企鹅图无关的 β 相角[144,145]等研究的关键输入参数的测量精度直接决定了相关物理结果的灵敏度。需要特别指出的是，中性粲介子衰变参数强相角差是基本的观测量，与粲介子内部的强相互作用紧密相关，对刻度和理解非微扰 QCD 有特殊地位。因此，提高中性粲介子的衰变信息，包括强相角差、偶 CP 成分比例、衰变宽度占比等的测量精度，对进一步提升 γ/ϕ_3 相角及其他实验测量精度极为重要和迫切。由 $\psi(3770)$ 衰变产生的量子关联的 $e^+e^- \to \psi(3770) \to D^0\bar{D}^0$ 数据，是测量上述中性 D 介子衰变参数的关键场所。[146] 当前，利用现有的 $\psi(3770)$ 数据，BESⅢ抽取了比 CLEO-c 实验更精确的 D 介子多体

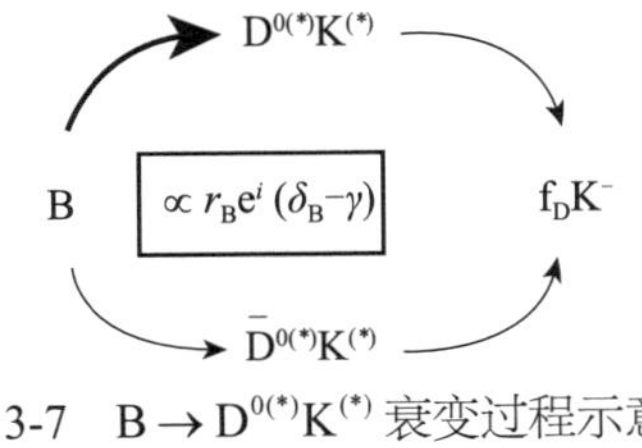

图 3-7　$B \to D^{0(*)}K^{(*)}$ 衰变过程示意图

衰变参数，对抽取 γ 相角的误差贡献可以控制在 0.7°水平，满足当前 LHCb 实验 Run2 所能达到的精度需求（4°）。利用 BESⅢ实验获取的 20 fb^{-1} 数据，可以将相应误差贡献控制在 0.4°水平，能够满足升级后 LHCb 和 BelleⅡ实验的需求，即 γ 相角的测量精度达到 1°水平。然而，面对 LHCb 和 BelleⅡ实验的更长期的研究计划，即把 γ 角的测量精度控制在 0.4°水平，需要未来的 STCF 实验获取更高统计量的数据，相应的误差贡献必须控制在小于 0.1°。另外，未来的高统计量的 STCF 可以开展多个中性粲介子到不同多体末态的衰变参数的精确测量，为检验通过不同衰变过程重建中性 D 介子而测量 γ 相角的自洽性提供机遇。此外，利用圈图过程测量 γ 相角一般通过非粲 B 强子衰变进行，其中 LHCb 实验将通过对两体过程 $B_S \to K^+K^-$，$B_0 \to \pi^+\pi^-$等进行 U 旋分析，测量 γ 相角。图 3-8 是用幺正三角形图像来表示的 CKM 矩阵，图中阴影表示实验中各个参数的不确定度。$\bar{\rho}+i\bar{\eta}=-\dfrac{V_{ud}V_{ub}^*}{V_{cd}V_{cb}^*}$是表征 CKM 矩阵的幺正三角形，

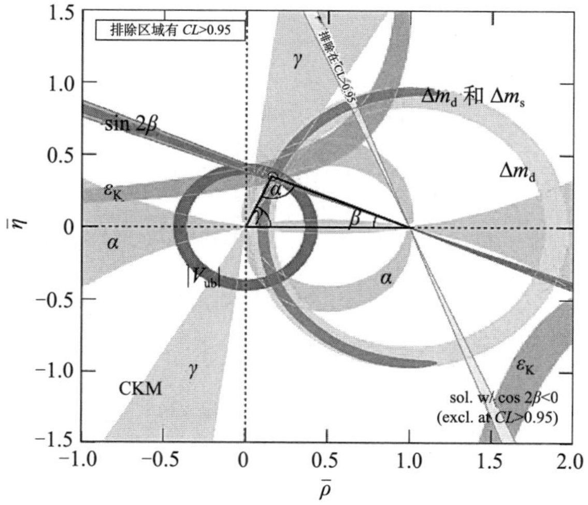

图 3-8　利用各个实验组的结果得到的最新 $\bar{\rho}$ 和 $\bar{\eta}$ 平面

图片来源：CKMfitter 组

图中阴影处是实验结果的误差带来的不确定性。目前，通过B介子工厂和陶粲工厂的运行与精确测量，CKM矩阵变得越来越清晰。随之而来，一些细微的差别也变得越来越明显。表3-3显示了未来高精度LHC与BelleⅡ实验预期在部分相关物理量所能达到的测量精度。这些测量结果将为未来精确研究CKM矩阵与电弱有效理论提供基础。

表3-3　未来高精度LHC与BelleⅡ实验所能测量的CKM矩阵元参数

时期	参数							
	λ	$\bar{\rho}$	$\bar{\eta}$	A	$\sin2\beta$	γ	α	β_s
当前	0.12%	9%	3%	1.5%	4.5%	3%	2.5%	3%
短期	0.12%	2%	0.8%	0.6%	0.9%	0.9%	0.7%	0.8%
中期	0.12%	1%	0.6%	0.5%	0.6%	0.8%	0.4%	0.5%

（二）CP破坏新起源探寻

CP联合对称性的破坏一直是粒子物理领域探索自然界基本规律的前沿，而味物理的研究为探测和检验CP破坏机制提供了重要场所。标准模型通过KM机制解释了CP破坏。21世纪初，Belle实验和BaBar实验通过对B介子衰变精确测量验证了KM机制。因此，KM机制的提出者获得了2008年的诺贝尔物理学奖。迄今，人们已经在K介子、D介子和B介子的衰变中分别观测到CP破坏，结果与标准模型的预言相符。当下，CP破坏更重要的意义体现在它是宇宙物质-反物质不对称的必要条件之一，对理解宇宙演化至关重要。虽然标准模型对CP破坏的描述在介子家族取得了巨大成功，但它不能提供足够的CP破坏用于解释宇宙中正反物质的不对称现象。因此，进一步研究标准模型中的CP破坏机制、探索CP破坏的新起源已经成为粒子物理领域研究的重要方向之一。

介子系统中存在的CP破坏现象已经得到实验的充分证实，标准模型也预言CP破坏现象存在于重子系统中。但是迄今，尚无任何确切的重子CP破坏实验的证据。宇宙中的可见物质主要由重子构成，研究重子的CP破坏对理解宇宙中正反物质不对称、精确检验标准模型及探索超越标准模型新物理具有极其重要的科学意义。含奇异夸克的重子–超子的衰变中同时含有S波和P波过程，是探寻重子CP破坏的重要媒介之一。[147] 在超子的衰变中探索CP破坏现象已在HyperCP和BESⅢ等实验中开展。HyperCP实验是美国费米国家加速器实验室于1994年建造的专门用于测量重子CP破坏的固定靶实验，利用重建的1.17亿个$\Xi^-\to\Lambda\pi^-$和0.41亿个$\bar{\Xi}^+\to\bar{\Lambda}\pi^+$信号事例，测量了Ξ和Λ的不对称参数的乘积$\alpha_\Xi\alpha_\Lambda$，并由此得到Ξ和Λ的联合CP破坏$A_\Xi + A_\Lambda = (0.0 \pm 5.1 \pm 4.4)\times 10^{-4}$。[148] 然而，精确测量重子的CP破坏需要独立测量A_Ξ和A_Λ。但是，由于HyperCP实验的固有特点，因此不能独立地测量A_Ξ和A_Λ的大小。BESⅢ实验利用13亿个J/ψ数据样本，重建得到40万个$J/\psi\to\Lambda\bar{\Lambda}$信号事例，测量了$\Lambda\to p\pi^-$衰变的不对称参数为$\alpha_\Lambda = 0.750(10)$，比之前的世界平均值偏离了5倍标准偏差。[56] 更重要的是，该实验在研究中首次观测到在$J/\psi\to\Lambda\bar{\Lambda}$衰变中Λ的极化现象，为探索Λ衰变的CP破坏提供了重要机遇。[149] 当前，BESⅢ测量得到的CP破坏A_Λ=−0.006(14)比之前最好结果的灵敏度提高了两倍，但距离标准模型预言的CP破坏程度相差甚远。BESⅢ实验已收集了100亿个J/ψ数据，将进一步提升Λ衰变的CP破坏探测的灵敏度，但仍不足以达到标准模型预言的水平。同时，BESⅢ实验通过开展$J/\psi\to\Xi^-\bar{\Xi}^+$和级联衰变$\Xi^-\to\pi^-\Lambda$，同时测量$\Xi^-$和Λ衰变中的CP破坏的研究，得到与$J/\psi\to\Lambda\bar{\Lambda}$衰变中Λ衰变的 CP 破坏相当的灵敏度。[150] 另外，超子和反超子是纠缠的 CP 本征态。通过同时分析由$J/\psi \to \Xi^-\bar{\Xi}^+$衰变中的$\Xi^- \to \pi^-\Lambda$ 和它的电荷共轭级联衰变过程，可以直接探测 CP 破坏的相位差$\Delta\phi_{CP}$。利用 13 亿个 J/ψ 样本测量相位$\Delta\phi_{CP} = -0.005 \cdot (14)$ rad。基于目前 BESⅢ 已有的 100 亿个 J/ψ 样本，预期对$\Delta\phi_{CP}$的测量精度可达 10^{-3} rad，仍低于标准模型预言的水平（10^{-4} rad）。未来的 STCF 实验，每年将获取 3.4×10^{12} 个 J/ψ 数据，会极大提升超子的 CP 破坏A_Ξ、A_Λ 和$A_{\Xi\Lambda}$ 测量的灵敏度，预期可以达到并有望突破标准模型范围 $-3\times10^{-5}\leqslant A_\Lambda\leqslant4\times10^{-5}$ 和 $-2\times10^{-5}\leqslant A_\Xi\leqslant1\times10^{-5}$，实现标准模型的高精度验证。测量超子衰变中的 CP 破坏是粒子物理高亮度前沿领域极具突破潜力的研究课题。

除超子外，含底夸克重子Λ_b^0也是探索重子 CP 破坏的重要媒介之一。底夸克强子弱衰变的 CP 破坏最大可以达到百分之几十，比粲重子 $10^{-(3\sim4)}$ 和超子 $10^{-(4\sim5)}$ 的 CP 破坏程度大得多。LHCb 实验已经积累了大量的底夸克重子的实验数据，并在 $\Lambda_b^0\to p\pi^+\pi^-\pi^-$ 衰变过程中发现了 3 倍标准偏差的 CP 破坏的迹象。[151] LHCb 实验正在不断积累新数据[152]，是最有可能在实验中首先发现重子的 CP 破坏。目前需要实验与理论紧密结合，选择最合适的衰变过程和观测量开展相关的紧密测量。

由于格拉肖－李尔普罗斯－梅安尼（Glashow-Iliopoulos-Maiani，GIM）机制，粲味强子的 CP 破坏大小在 $10^{-3}\sim10^{-4}$ 量级，因此粲味夸克弱衰变的 CP 破坏研究需要巨大统计量。直到 2019 年，LHCb 实验才在$D^0\to\pi^+\pi^-$ 和K^+K^- 衰变过程中首次探测到粲介子衰变的 CP 破坏。[153] 但对于当前实验发现的粲介子的 CP 破坏，究竟是全部来自标准模型，还是有新的物理贡献，在理论上还存在争议，需要更多衰变过程的研究来厘清这个问题。[154]未来，LHCb实验与BelleⅡ实验将产生海量D介子和粲重子，CP破坏的测量灵敏度将达到10^{-5}～10^{-6}量级。BESⅢ和STCF上则可以利用产生的具有量子关联性的粲强子，重点研究中性D介子混合参数及精细测量粲介子和粲重子的衰变率等，在理论上深入理解CP破坏机制。粲物理领域的理论研究与实验研究的紧密结合是未来解决粲强子中CP破坏机制的重要途径。通过实验中精确测量的粲介子和粲重子的衰变分支比、衰变不对称度等观测量可以抽取非微扰效应的贡献，从而提升理论预言能力，并最终帮助理解CP破坏机制和涉及的非微扰强相互作用贡献，寻找新物理。此外，粲强子通过更多半轻衰变测量获得的形状因子和衰变常数（包括一些含激发态过程的），可以进一步提升格点QCD的计算精度，为从理论上深入理解CP破坏性质、高精度检验标准模型和寻找新物理提供关键数据。

当前，在B介子衰变到三体强子末态过程中观测到的整体和局部CP破坏现象，在理论上还存在许多争议。未来，LHCb实验和BelleⅡ实验可以系统性地开展B介子多体衰变的CP破坏研究，将理论与实验相结合，探索CP破坏本质。另外，BelleⅡ实验可以测量末态含有中性粒子的三体衰变过程，为探索其局部CP破坏提供机遇。

相比其他夸克，顶夸克的质量极大，GIM机制导致它在标准模型中的衰变CP破坏十分微弱，几乎无法在实验中观测[155]，因此显著的CP破坏只能来自新物理。CMS实验利用$t\bar{t}$过程测量了顶夸克的衰变不对称，精度达到了0.1%，没有观测到显著的CP破坏。为解释正反物质不对称，很多理论将CP破坏引入当时还未发现的希格斯玻色子中[156,157]，使得它为奇偶宇称态的叠加。这些理论由于同时解决了暗物质来源等其他物理问题而受到很大关注。希格斯玻色子被发现后，人们在实验中广泛测量了它的CP性质，但均未观测到显著的CP破坏。在希格斯玻色子与费米子作用的汤川耦合中，CP破坏与费米子质量成正比[155]，因此顶夸克汤川耦合是最佳的观测途径。ATLAS实验和CMS实验利用$t\bar{t}H$过程进行测量，混合角被限制在43°以下。[117,158] CMS还对希格斯玻色子衰变至陶轻子$H\to\tau\tau$的CP破坏进行了测量，混合角被限制在41°以下。[159] 针对希格斯玻色子与规范玻色子作用，ATLAS实验和CMS实验在多个衰变道开展了研究，其中最高的灵敏度来自$H\to ZZ\to 4l$，将奇宇称态的贡献限制在10%以内。[160,161] 由于LHC上的希格斯玻色子CP破坏测量（尤其是汤川耦合的测量）受制于有限的统计量，因此HL-LHC及未来的正负电子希格斯工厂将带来更高的灵敏度。已有的研究表明，希格斯玻色子产生陶轻子对的CP破坏混合角可以在HL-LHC（3 ab^{-1}）、ILC（2 ab^{-1}）和FC-ee（5 ab^{-1}）分别达到8°、4°和10°的灵敏度。[162-164]

在轻子家族中，陶轻子的质量最大，可以衰变到含有强子末态，为精确检验标准模型提供了一个重要场所。陶轻子衰变包含丰富的强子末态，有利于构造不同的CP破坏观测量，被认为是研究轻子CP破坏最好的场所。在陶轻子领域，新的CP破坏来源可以体现在陶轻子的性质方面，如非零的电偶极矩意味着CP破坏的存在。[165] STCF一年能够产生35亿个陶轻子对，能够把电偶极矩的测量精度提升至少2个量级。另外，新的CP破坏来源也可以展现在陶轻子的衰变中。BaBar实验利用$\tau^+\to K_S\pi^+\nu$过程观测到$-0.36\%\pm0.23\%\pm0.11\%$的衰变不对称，与标准模型预言的相差2.8倍的标准偏差。[166,167] 未来，STCF及BelleⅡ实验能以更高的精度验证该过程的 CP 破坏是否存在、其 CP 破坏程度是否与标准模型预言的有差别。值得一提的是，在正负电子对撞机实验中，极化的电子束或正电子束对撞能够直接产生极化的陶轻子对，能够为 CP 破坏的测量构建更加丰富的观测量[168]，具有更大的产生截面的精度及更高的陶轻子与 QCD/QED 本底的区分能力，为陶轻子的 CP 破坏研究提供重要机遇。研究表明，首先，在相同的电子束极化率下，陶轻子在质心能量为 4.26 GeV 处的平均极化率比在质心能量为 11 GeV 的平均极化率高出 30%；其次，正负电子对撞中陶轻子对的产生截面的精度与电子的极化率及正负电子对的质心能量密切相关，在相同亮度和电子束 100% 极化率的条件下，在质心能量为 4.26 GeV 的产生截面的精度是质心能量为 11 GeV 处的产生截面的精度的 7.7 倍。因此，未来具有极化束流的 STCF 实验在陶轻子的 CP 破坏研究中比 BelleⅡ 实验有更大优势。

（三）陶轻子衰变的精确测量

作为唯一能衰变到强子末态的轻子，陶轻子的不同衰变过程能够通过标准模型进行精确计算。未来的 STCF、BelleⅡ及 Z 工厂实验将会对陶轻子的一系列衰变过程开展精确测量，检验标准模型预言的各类参数。[169] 利用陶轻子的纯轻或半轻衰变能够严格检验轻子普适性，后者需要联合$\tau \to P\nu_\tau$和$P \to l\nu_l (P = \pi, K)$过程。目前实验中对于$\tau \to P\nu_\tau$的测量精度远低于陶轻子的纯轻衰变，而 STCF 和 BelleⅡ 实验获取的大统计量数据能够大幅度提高$\tau \to P\nu_\tau$的实验精度，提供多维度的轻子普适性的精确检验。同时，精确测量$\tau \to P\nu_\tau$能够确定 CKM 矩阵元V_{us}，结合 K 衰变中测量的V_{us}结果，验证 CKM 矩阵元的普适性，有助于解决不同实验观测到的卡比玻角反常现象（Cabibbo-angle anomaly)。由陶轻子的纯轻衰变过程中电子或缪子的能谱形状，可以确定米歇尔（Michel）参数的大小。目前实验测量的米歇尔参数与理论预言在误差范围内一致，利用STCF实验获取的大统计量数据，能够将米歇尔参数的实验误差变好至少两倍，能够更精确地检验相关理论。强相互作用耦合常数（α_s）描述强相互作用强度，其精确测量对检验非微扰理论计算、理解QCD的本质具有重要意义。利用STCF产生的大量陶轻子对，可以精确测量陶轻子衰变到强子（奇异强子）末态和纯轻子（电子）末态的分支比的比例$R_\tau(R_{\tau,s})$，获得相应能区的α_s。此外，STCF还将寻找陶轻子的稀有衰变（如辐射纯轻衰变、多轻子衰变），精确检验电弱相互作用并给出新物理贡献的上限。陶轻子对产生截面的精度的峰值位于质心能量4.26 GeV，在STCF上重建陶轻子衰变过程具有高截面精度、低本底和近阈产生等独特性质。STCF上的陶轻子物理研究与BelleⅡ实验及未来超级Z工厂等各具特色，相互补充。

四、QCD物理和强子结构

基于非阿贝尔群规范场论的QCD理论是描述夸克和胶子之间强相互作用的动力学理论。[170] 在QCD理论中，夸克是构成强子的基本单元，胶子则传递夸克之间的相互作用，使它们相互结合成强子或者相互分离而发生衰变等。QCD在不同的能量标度下呈现出截然不同的性质，即在高能标度下，相互作用很弱，呈现出微扰特性和“渐近自由”的特征[171,172]；在低能标度下，则相互作用很强，呈现出非微扰特性和“色禁闭”的现象。[173] 在过去的几十年里，QCD的渐近自由性质得到了大量的实验验证。为此，美国科学家戴维·格罗斯、戴维·波利策和弗兰克·维尔切克获得了 2004 年的诺贝尔物理学奖。但是，QCD 在低能区呈现的“色禁闭”本质仍有待进一步发展和实验检验，并且还有许多重大科学问题（如夸克如何构成强子、是否存在超出普通夸克模型的新型强子态等）亟待实验和理论共同解决。另外，构成宇宙可见物质的主要成分核子（质子和中子）的质量约为 938 MeV，但研究表明希格斯机制只贡献了约 20 MeV 的流夸克质量[174]，其他的大部分质量仍起源于 QCD 的低能非微扰相互作用。为此，研究核子内部结构，对于深入理解 QCD 非微扰相互作用的“色禁闭”本质及与手征对称性机制的内在联系、研究宇宙中可见物质的质量起源和宇宙形成有密切关系。

由于色禁闭，科研人员在实验中能够直接探测的参与强相互作用的最小物质结构是色单态的强子，而并非更基本的携带色量子数的夸克和胶子。为此，理解非微扰 QCD 必须深入研究强子的内部结构、谱结构、衰变末态及在不同反应过程中的产生机制等问题。核子内部的部分子结构精细地描述了夸克和胶子在核子内部的空间及动量分布特征，对其精密的实验测量将为理解核子内部的动力学机制提供关键信息，并且为研究高能实验数据从而检验标准模型和探索新物理提供必要输入，为此需要精密研究核子内部部分子分布函数、电磁形状因子、碎裂函数等。当前对 QCD 的理论和实验研究涉及的对象包含少体系统和集体现象，理论计算包括形式理论、格点计算和唯象模型等多种不同手段，包含以下重要科学问题。

（一）强子谱学与奇特强子态

和历史上通过研究原子光谱获得原子结构的信息一样，研究强子谱学的重要目标是对实验中观测到的强子进行分类，并由此探索和认知强子的内部结构和相互作用规律。当前，夸克模型[175,176]是对强子进行分类的主要理论方法。在实验中已观测到的粒子基本上都是由一对正反夸克构成的介子和三个夸克构成的重子。除此之外，标准模型预言自然界还应该存在如图 3-9 所示的其他几类新型奇特强子态，即由两个夸克和两个反夸克组成的四夸克态、由四个夸克和一个反夸克组成的五夸克态等多夸克态（包括由一对强子通过强相互作用束缚在一起的强子分子态和紧致多夸克态等）；夸克与胶子组成的混杂态；多个胶子组成的胶球；等等。[177,178] 非微扰强相互作用研究的核心科学问题之一即是强子谱到底是如何分类的、存在哪些形式的奇特强子态。因此，完善强子谱学及寻找和研究新型奇特强子态，对理解强子的结构及其内部的动力学机制、强子质量的起源及检验和发展强相互作用理论等具有重要科学意义。

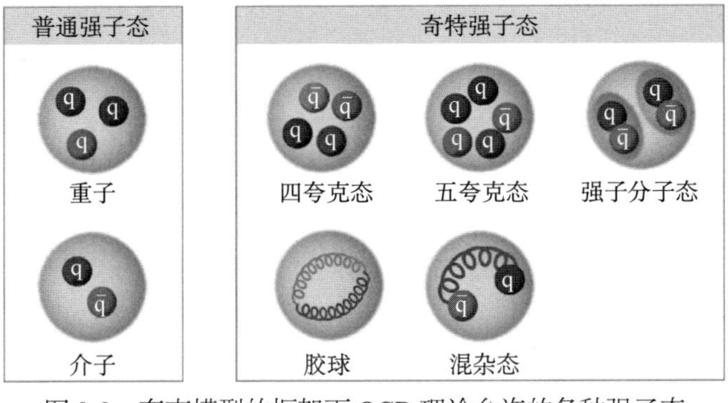

图 3-9　夸克模型的框架下 QCD 理论允许的各种强子态

最近 20 年来，随着国际上多个基于加速器的粒子物理实验装置的成功运行，强子谱学和非微扰强相互作用的实验研究取得了具有里程碑意义的进展，特别是在重味夸克偶素领域。由一对正反重味夸克组成的介子称为重夸克偶素，其相应的基态与激发态能谱与 QCD 的微扰和非微扰的动力学机制密切相关；特别地，激发态的能谱可以用来揭示随着激发能的增加而导致的色禁闭性质变化的具体体现。如图 3-10 所示，当前粲夸克偶素能谱的实验研究面临着一系列重大挑战，部分基于势模型理论预言的激发态粒子尚未被实验找到，同时科研人员在实验中也发现了一系列很难用传统夸克模型解释的新强子态（俗称为 XYZ 粒子）。[179] 当前，除了极少数的 X(3872)、Y(4260) 等粒子态外，大部分新发现的强子态的数据统计量还不足以做分波，相移、相位矢量图等细致分

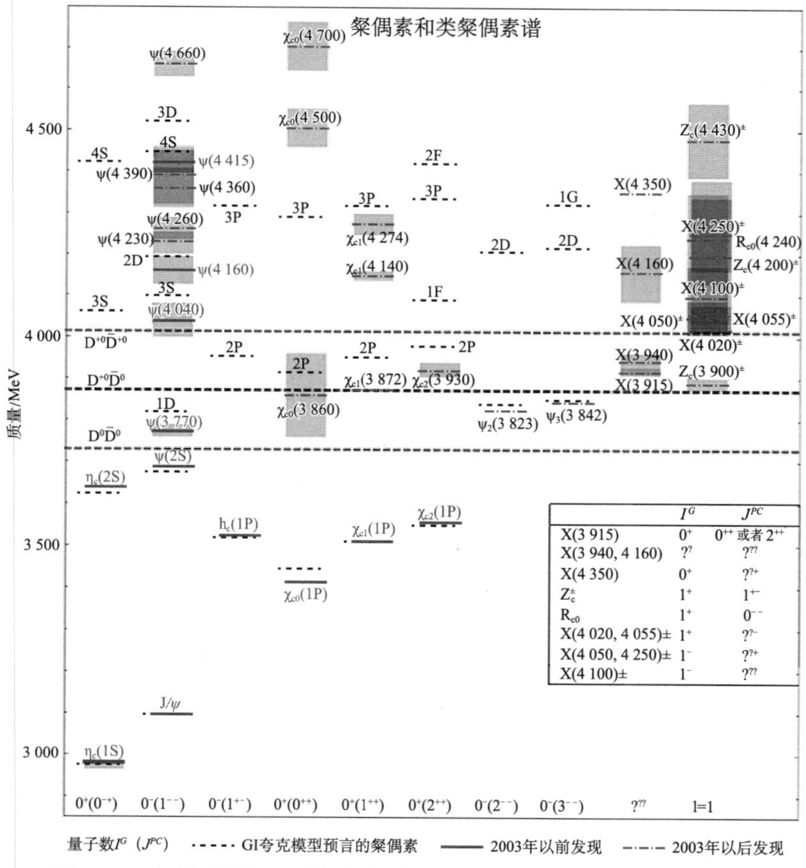

	I^G	J^{PC}
X(3 915)	0^+	0^{++} 或者 2^{++}
X(3 940, 4 160)	??	???
X(4 350)	0^+	$?^{?+}$
$Z_c^{\pm}$	1^+	1^{+-}
R_{c0}	1^+	0^{--}
X(4 020, 4 055)±	1^+	$?^{?-}$
X(4 050, 4 250)±	1^-	$?^{?+}$
X(4 100)±	1^-	???

图 3-10　实验观测的（类）粲偶素与 Godfrey-Isgur（GI）夸克模型预言的粲偶素谱比较

横线表示质量中心值，阴影表示对应的结构的宽度，虚线表示重要的粲介子对阈值。右下角的插表为量子数尚未完全确定的或带电的结构

析，也无法开展质量与宽度的高精度测量，相应的激发态、同位旋伴随态等及稀有衰变的系统性寻找等。因此，我们对这些态内部结构的认识仍然十分缺乏，甚至不能完全确认或排除这些态是共振态还是末态相互作用的结果，更不能对它们的性质（如多夸克态、分子态、混杂态和胶子球等）及是否存在其他类似的新型奇特态下定论。在实验中完善理论预言的强子谱学、研究新发现粒子态的性质及寻找更多的奇特强子态，将为理解强子内部夸克间的相互作用、确认新型奇特态及检验 QCD 理论等提供关键信息。在过去的 20 年里，国际上众多高能物理实验，如我国的 BESⅢ、日本的 Belle、美国的 BaBar 和 CLEO 及欧洲的 LHCb 等，都为这些新粒子态的发现与性质的研究做出重要贡献。[180] 其中，BESⅢ实验近几年引领了类粲偶素的实验研究。这些新强子态包括粲介子 $D_{s0}^{*}(2317)$ 和 $D_{s1}(2460)$、类粲偶素粒子 X(3872) 和 Y(4260) 等，带电结构 $Z_c(3900)^{\pm}$、$Z_c(4020)^{\pm}$ 和 $Z_{cs}(3985)^{\pm}$、$Z_b(10610)^{\pm}$ 和 $Z_b(10650)^{\pm}$，以及五夸克态 $P_c(4312)$、$P_c(4440)$ 和 $P_c(4457)$ 等。[181] 这些实验研究的新进展把强子谱学和非微扰 QCD 的研究带入新的阶段，但也亟待新一代的实验来揭示其背后蕴含的微观规律和 QCD“色禁闭”性质。

轻强子谱学相关的理论和实验更加复杂，特别是胶球和混杂态是否存在更是强子物理领域长期存在的难题，面临重大挑战。[178,182-184] 胶球和混杂态直接体现了胶子的自由度，与“色禁闭”本质紧密相关。[185-188] 格点 QCD 和唯象模型预言胶球最轻的三个态分别是标量（0^{++}，质量为 1.5～1.7 GeV，第一激发态在 2.6 GeV 附近）、张量（2^{++}，质量为 2.3～2.4 GeV）和赝标量（0^{-+}，质量为 2.3～2.6 GeV）。[189] 图 3-11 显示了格点 QCD（退火近似）预言的胶球谱。这些胶球有常规量子数，实验观测到介

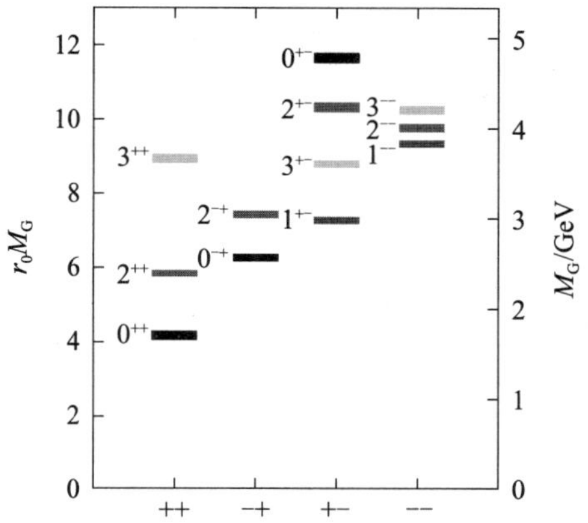

图 3-11 格点 QCD（退火近似）预言的胶球谱[191]

子谱可能是胶球与其附近的普通介子发生混合的结果。因此，胶球的寻找和甄别非常困难，在实验中抽取纯胶球的信息有很强的模型依赖，面临严峻挑战。当前，国际上有大量不同的实验在重味夸克偶素辐射衰变、正反质子湮灭、中心产生、双光子等不同产生过程中开展相关研究。不同的研究过程相互补充，为确定胶球的信息提供关键数据。特别是，粲夸克偶素衰变有产额高、胶子产生丰度高、初 / 末态确定等独特优势，是寻找和研究有胶子自由度的轻味奇特强子态的理想场所。[190] BESⅢ的实验研究发现 $f_0(1710)$ 在 J / ψ 辐射衰变中有很高产额，并含有较多的胶子成分，与格点 QCD 对标量胶球的预期相符。[191] $J^{PC}=1^{-+}$ 等量子数无法由简单的 $q\bar{q}$ 系统形成，被称为奇特量子数。具有奇特量子数的强子态必然是超出夸克模型的新型强子，因此受到了理论和实验的极大关注。图 3-12 显示了格点 QCD 预言的同位旋矢量和同位旋标量介子谱。其中，标有方框的是混杂态多重态，最轻的混杂态具有奇特量子数 1^{-+}。由图 3-12 可见，格点 QCD 预言最轻的混杂态有奇特量子数 1^{-+}，质量处于 1.7～2.1 GeV/c^2。[192] 在一些理论模型中，四夸克态、分子态也可能形成 1^{-+} 奇特量子数。国际上以往的实验结果主要来源于π束流的固定靶实验和正反质子湮灭实验，仅有的三个1^{-+}候选者全部为同位旋矢量，它们的性质乃至存在性亟待进一步验证和研究。因此，寻找同位旋标量且具有1^{-+}奇特量子的共振态至关重要。利用已采集的100亿个J/ψ数据，2022年，BESⅢ实验在$J/\psi \to \gamma\eta\eta'$过程中首次观测到同位旋标量$1^{-+}$共振态$\eta_1(1855)$。[150,193] 这是轻奇特强子态研究领域的一个重大研究结果，粲偶素衰变为研究1^{-+}奇特强子态打开了一个新的窗口。

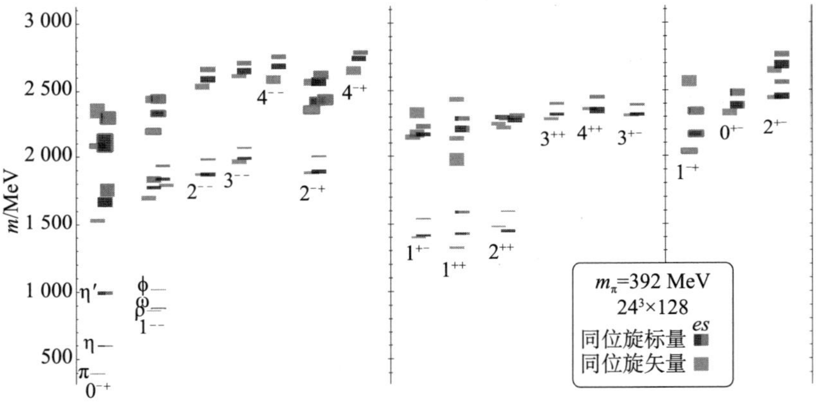

图 3-12　格点 QCD 预言的同位旋矢量和同位旋标量介子谱 [192]

相对于介子，重子是一个更复杂的三体系统，其内部夸克和胶子自由度是被长期争议的问题。传统夸克模型不仅对重子激发态能谱的描述无能为力，而且对基态重子的部分性质的描述有较大出入。精确描述重子谱可以加深对强相互作用性质的理解，是强子谱学最重要的研究内容之一。[194] 不仅如此，重子（核子）对天体物理研究［如中子星、奇异星（含奇异夸克）的形成等］也具有重要意义。[195,196] LHCb 合作组发现五夸克态，对现有的理论形成了重大挑战，强子物理领域掀起了多夸克态研究热潮，也成为研究 QCD 非微扰理论的新载体。[194,197] 重子谱的数据主要来自π-p散射、电生和光生、重味重子衰变等过程，但是观测到的重子还未形成完整的谱结构，需要开展更多的系统性实验研究。[198,199] 粲夸克偶素衰变能够大量产生具有低自旋的重子激发态，大统计量、低本底的数据对抽取相关重子态的信息并开展重子谱学研究具有独特意义。[200] 这些新的谱学结果将有助于理解重子内部的结构及其体现的夸克和胶子间强相互作用的动力学机制。

为了更深入地理解非微扰QCD的复杂性质，我们需要在高精度前沿利用不同实验手段协同研究强子不同的产生和衰变机制，从而全面理解新型奇特强子态的结构和性质。需要特别指出的是，粲偶素能区处于微扰和非微扰QCD动力学机制的过渡区域，由该能区衰变产生的夸克和胶子构成的强子态具有丰富组分自由度的唯象特征，可以为研究强相互作用的动力学性质提供独特信息。另外，正负电子对撞机——陶粲装置，由于具有产生截面的精度高、本底干净、分辨率高等特性，能够为强子谱学的研究提供关键场所，已证明了陶粲装置在（类）粲夸克偶素、轻强子谱、重子谱学等研究方向的独特优势。未来的STCF比BESⅢ实验提升了100倍的数据统计量，探测器性能也大幅度提升，将在相关谱学的研究中发挥决定性作用。

在理论方面，需要结合各实验数据开展系统性的谱学研究。一方面，需要建立各种有效理论或唯象模型与实验观测量之间的动力学关联机制；另一方面，需要结合格点QCD，为这些新强子态的结构和性质的研究寻找可靠的理论判据，最终提取出决定这些强子态性质的动力学机制。需要指出的是，从各类实验的质量谱提取共振信号时，除了传统和新型的强子共振态外，多体强子的末态相互作用[201,202] 和三角奇点[203] 等机制也会带来类似于共振结构的信号，特别是在阈值处。在三角圈图机制中，三角奇点处所有内线粒子在壳且每个相互作用点都可以真实发生，此圈图对应于一个经典的散射过程。因此，圈图积分在此处会发散，将形成类似于共振峰的非平庸结构。运动学奇点会使得不变质量谱在靠近 S 波阈值的区域形成非平庸结构。因此，在分析末态包含三个乃至更多强子的反应过程时需要综合考虑这些运动学效应带来的复杂性，需要构造包含运动学奇点等在内的实用的物理分析框架。

（二）核子结构

描述核子或强子内部结构的基本理论是量子色动力学，其自由度是夸克和胶子。当前，人类对于夸克和胶子如何通过强相互作用的束缚而形成强子这一基本科学问题还缺乏充分的认识。作为最早发现的强子及可见物质世界最主要的组分——核子，其内部结构、自旋和质量来源等仍然是未解之谜。核子结构已经成为粒子物理与核物理最活跃的研究领域之一，探索核子内部结构是解决核子的动量、角动量、电磁分布及核子自旋和质量的起源等基本问题的主要途径，也是人们理解夸克胶子色禁闭机制的前沿。对核子结构的研究，能够极大地促进人们对 QCD 理论的认知。

核子内部电与磁的分布由核子电磁形状因子描述，与核子内部结构紧密相关，直接决定了核子电荷半径等基本物理量。在实验中，核子的电磁形状因子可以通过类空的电子-核子散射与类时的正负电子湮没成核子与反核子对（或其反过程）两种不同类型实验开展研究。全面理解核子内部结构同时需要类时和类空两类电磁形状因子，缺一不可。在过去的几十年里，类空的质子电磁形状因子的测量有很高的精度，达到了 1% 的水平。[204-206] 近几年，随着 BESⅢ、CMD 等正负电子湮没实验的推进，类时的质子电磁形状因子的测量精度达到 1.6%[207]，接近类空电磁形状因子的测量精度。虽然实验测量的精度提升了，但类时与类空的质子电磁形状因子仍存在一些疑难，如用罗森布鲁斯分离法和反冲极化法测量类空的电磁形状因子，在高能区出现较大的差别；类时的质子电磁形状因子在扣除偶极分布后随正负电子湮没的质心能量呈现出振荡结构，需要进一步理解。相较于质子电磁形状因子，中子电磁形状因子的测量结果仍然十分有限。类空中子电磁形状因子可以通过电子-氘核的散射提取，但有很大的模型依赖性。通过正负电子湮没到中子与反中子对可以得到与模型无关的类时电磁形状因子，但是由于探测效率的原因，目前的研究仍受到统计量的约束，实验精度较差。近期，BESⅢ实验通过能量扫描方法，在能量区间 2.0～3.08 GeV 研究了正负电子对湮没到中子-反中子过程。[208] 通过综合运用中子、反中子在不同子探测器中的信息有效提高信噪比，将平均实验测量精度较之前的 FENICE 实验 [209] 提高了约 30 倍，获得了精确的中子有效电磁形状因子结果。实验结果清晰地表明光子与质子耦合更强，解决了光子-核子耦合反常的问题。此外，与质子类似，实验观测到中子电磁形状因子随质心能量变化的周期性振荡结构，其振荡频率与质子相同，相位接近正交。理解该结构出现的动力学机制仍需要更精确的实验数据和深入的理论讨论。此外，正负电子湮没实验还能够精确测量超子、粲重子等类时电磁形状因子，并且能够提供电和磁形状因子的相位差。但由于其不稳定性，相应的类空电磁形状因子数据极少。除电磁形状因子外，在正负电子湮没实验中，在质量阈值处的核子–反核子对及其他重子–反重子对的产生机制也是研究核子内部结构的敏感探针之一。当前，实验在 $e^+e^- \to p\bar{p}$、$\Lambda\bar{\Lambda}$、$\Lambda_c^+\bar{\Lambda}_c^-$ 等过程的产生截面上观测到了反常的阈值增强效应[207,210-212]，目前理论上还不能解释这些阈值增强效应的具体来源。为此，精确测量类时空间核子电磁形状因子和深入理解相关产生截面的阈值反常增强效应，需要在重子–反重子对的产生阈值处开展更精密的实验测量。陶粲装置运行在 2～5 GeV 能区，可以通过质量扫描的方法在不同质量阈值处直接产生包括超子、粲重子等重子–反重子对，为研究核子内部结构提供了独特的平台。另外，与 B 工厂类似，陶粲装置也可以通过初态辐射方法测量阈值处核子的类时电磁形状因子和产生截面等，为统一实验验证相关测量结果的一致性提供了机会。未来的 STCF 装置具有超高亮度，可以为在阈值处测量类时电磁形状因子和产生截面等提供大统计量、低本底的实验数据，将为揭示夸克之间的相互作用、深入探索核子结构提供丰富完备的实验信息。

在量子力学中，自旋是粒子的内禀性质。核子作为费米子，有 1/2 自旋，但如何在夸克和胶子自由度下理解核子的自旋一直是前沿科学问题。在 QCD 因子化定理框架下，核子内部结构由部分子分布函数（PDFs）描述。[213] PDFs 的精密测量将有助于人们理解质子的三维结构及 QCD 的非微扰动力学机制。同时，PDFs 也是在高能量前沿装置（如强子对撞机）上精确检验标准模型和直接寻找新物理的重要理论输入参数。随着 LHC 实验亮度提高，PDFs 的误差已经成为精确测量的主要误差来源，亟待理论与实验共同提升 PDFs 的测量精度。由费曼首先引入的传统部分子分布函数只包含核子内部夸克和胶子一维纵向运动或极化的信息。为了获得更广泛、全面的核子内部结构信息，必须以全新的视角来看待核子内部结构，相应的部分子分布函数的概念必须得到推广。其中最直接、最自然的两种推广方式是横动量依赖的部分子分布函数（transverse momentum dependent parton distributions，TMDs）与广义的部分子分布函数（generalized parton distributions，GPDs）。除了描述部分子的纵向运动外，推广的部分子分布函数分别描述了部分子在横向动量空间和在核子横向平面上的分布，即三维部分子分布函数。[214] 实验中研究部分子分布函数的一个重要手段是通过轻子-核子散射实验，如美国的 JLab、CERN 的 COMPASS、德国的强子-电子环加速器（Chadron-electron ring accelerator，HERA）上的实验等。[215] 为了对核子内部不同味道的部分子分布函数进行详尽研究，往往需要关注某一特定初态的夸克被轻子散射后的运动状态。由于夸克禁闭效应，实验观测的末态是色单态强子，其观测的结果是初态核子内的部分子分布函数及部分子到强子末态的碎裂函数两部分信息的叠加。随着实验精度不断提升，尤其是电子-离子对撞机项目的快速发展[95,96]，为了精确抽取不同部分子的分布函数，人们对碎裂函数测量精度的要求达到前所未有的高度。碎裂函数具有非微扰性，目前无法通过第一原理计算，需要从单举强子产生的实验数据中直接抽取。理论上认为，碎裂函数具有“普适性”，即在正负电子湮没、电子-离子对撞、质子-(反）质子对撞过程中夸克到强子的碎裂过程均可以用相同的碎裂函数来描述。[216] 正负电子湮没实验被认为是精确测量夸克碎裂函数最干净、最理想的场所。另外，虽然碎裂函数不能用微扰计算，但其随能标 Q^2 的演化仍可以用微扰计算。因此，在较低能区（如陶粲能区）的正负电子湮没实验中精确测量碎裂函数，对于精确研究核子结构、检验碎裂函数普适性及其随能标的演化规律具有特殊重要意义。STCF 装置的超高亮度和大幅度范围的质心能量将在该领域的研究中发挥重要作用。

（三）QCD 相关基本参数的精确测量

精确测量 QCD 相关的基本参数，与可以理论计算的相关数值相比较，或作为相关研究的不可计算的重要输入参数，对深入理解强相互作用本质、精确检验粒子物理的标准模型及探索超越标准模型的新物理等具有重要作用。

缪子反常磁矩 $a_\mu=(g-2)_\mu$ 是探测新物理最灵敏的探针之一，是验证标准模型的关键物理量，是国际粒子物理领域重点关注的前沿课题之一。在标准模型框架下，缪子反常磁矩可以通过缪子与光子的作用顶点计算，与电磁、弱和强三种相互作用紧密相关，包括轻子、强子、光子、W/Z 玻色子和希格斯玻色子在内的所有“虚过程”的贡献。[217] 任何超越标准模型的新粒子都将在缪子反常磁矩上有贡献，会导致理论计算值与实验测量值有一定偏离。在实验中，缪子反常磁矩可以通过测定磁感应强度及缪子自旋角速度获得。最新结果来自美国费米国家加速器实验室，测量精度达到 0.46 ppm①。[6] 当前，国际实验平均值与标准模型理论计算结果的差别为 4.2σ，并且两者的精度相当，暗示存在着超越标准模型的新物理。预计在不久的将来，美国费米国家加速器实验室将利用全部数据使实验精度提高 4 倍，约 0.1 ppm。另外，日本质子加速器研究中心的 J-PARC 实验将利用加速热缪子源的方式开展缪子反常磁矩的独立测量，预期能够得到相当的实验精度。因此，提升理论计算的精度势在必行。当前，缪子反常磁矩的理论计算精度受限于强相互作用相关的效应，主要包括强真空极化和

① 1 ppm=1 mg/kg。

光子–光子散射等的贡献。量子色动力学的夸克禁闭特性导致微扰方法在低能区不适用。在低能区，上述两种强相互作用的效应对 a_μ 的贡献可以通过精确测量正负电子对湮没成强子的反应截面和类空空间介子跃迁形状因子获得。因此，正负电子对撞机实验中精确测量强子产生过程和双光子过程是提高缪子反常磁矩的理论计算精度的关键。强真空极化最重要的物理过程是 $e^+e^- \to \pi^+\pi^-$，占强真空极化贡献的 70%，其他的物理过程包括 $e^+e^- \to \pi^+\pi^-\pi^0$、$4\pi$、KK 等。光子–光子散射的强子过程包括 $\gamma\gamma^* \to \pi^0$, $\eta^{(\prime)}$ 等。目前大部分过程仍囿于统计量限制，而未来的 STCF 装置运行在最合适的能区，统计量的限制也将消失，将为提高缪子反常磁矩的理论计算精度提供关键输入。

强耦合常数是标准模型中描述强相互作用的最基本参数之一，是进行任何定量 QCD 计算的出发点。当前，强耦合常数也是自然界 4 种已知基本相互作用的耦合常数中测量精度最差（约为 1%）的参数。[218] 改进强耦合常数的测量精度不仅是 QCD 理论的自身需求，而且将会影响希格斯衰变分支比、顶夸克质量的测量及电弱参数的全局拟合等重要研究。正负电子对撞产生强子的过程主要是通过正负电子对湮没为虚光子 γ 或玻色子 Z^0 实现。描述正负电子对撞产生强子的总截面与缪子对的产生截面比值的 R 值 [53]，也是标准模型中最重要的输入参数之一。精确测量 R 值可以用于确定强耦合常数（α_s）和精确计算电磁耦合常数（α_{em}）。此外，精确测量 R 值并且选择遍举法和单举法适用的临界能量点，对于检验微扰 QCD 理论和计算缪子反常磁矩的精确性具有重要意义。未来，STCF 装置将在 BESⅢ 实验的基础上大幅度提升相关测量的实验精度，因此具有重要意义。

陶轻子质量是标准模型的 19 个基本参数之一，需要实验的精确测量作为输入。陶轻子质量的测量精度与标准模型的众多精确检验和新物理探索紧密相关。电弱耦合常数与轻子质量的五次方成反比。精确测量陶轻子和缪轻子的电弱耦合常数是检验轻子普适性的重要手段之一。正负电子对撞实验中阈值扫描是测量陶轻子质量的最佳方案。当前，国际上陶轻子质量测量的最高精度来自 BESⅢ实验，达到了 70 ppm。[51] 但相较于缪轻子质量的测量精度，进一步提高陶轻子质量的测量精度对于精确检验轻子普适性至关重要。未来的 STCF 将进一步降低陶轻子质量的测量误差，有望把测量精度提升 7 倍，达到 10 ppm，能够对陶轻子的质量进行更精确的测量。

如前所述，由于色禁闭[173]，实验中无法直接观测到夸克和胶子。对于高能夸克和胶子，它们的实验信号是一束高能、共线的强子，即喷注。[219,220] 对 QCD 喷注的测量是研究夸克和胶子性质的直接手段，有非常重要的意义。例如，历史上胶子发现的直接证据就是三喷注事例。[221] 同时，QCD 喷注还有丰富的演生结构。这个演生结构既来源于短程的夸克和胶子的 DGLAP 碎裂[222-224] 和软胶子辐射，也记录了从库仑相到禁闭相相变过程的动力学信息，即所谓的 QCD 强子化。对 QCD 喷注演生结构的理解，不仅能够检验微扰 QCD 理论，而且能对 QCD 色禁闭提供定量的实验输入。在实验和理论上称 QCD 喷注的演生结构为喷注亚结构，兴起于 LHC 时代大量高能喷注和高能顶夸克、W/Z 玻色子，希格斯玻色子喷注等实验研究的驱动。[225-234] 同时，喷注亚结构技术也被广泛应用到其他领域。例如，通过喷注能量损失研究高密度前沿的夸克胶子等离子体[235,236]，通过喷注亚结构的极化分布研究质子的自旋性质[237,238]，以及通过喷注亚结构对强耦合常数进行精细测量[239] 等。同时，喷注亚结构研究也是对撞机物理与其他学科交叉的热点领域，如喷注能流算符与光线算符乘积展开[240-242]、量子空能量条件[243,244]、共线劈裂的时空互反律关系（Chen et al.，2021）、深度学习技术在夸克和胶子喷注标记中的应用及量子计算在喷注算法中的应用[245]等。可以预期，CEPC、SPPC 等未来高能量前沿装置将进一步促进这方面的发展，相应的知识也有望辐射到物理学的其他分支。

（四）散射振幅理论发展和理论工具的发展

高能对撞机上理论计算的核心是因子化定理，其思想是将可微扰计算部分从非微扰矩阵元中系统性分离。当前，绝大部分 LHC 实验相关理论预言的正确性是建立在由柯林斯（Collins）、索珀（Soper）和斯特曼（Sterman）等建立的共线因子化框架之下。[213]然而，因子化定理有其局限性：不同的运动学极限需要不同的因子化定理，如共线因子化、横动量依赖因子化、小 x 因子化等；在一些复杂过程中，由于格劳伯（Glauber）胶子存在，因子化定理不再成立，出现了因子化破坏。对因子化破坏效应的研究，包括其出现条件、数值大小、与堆叠效应和多重散射的关系等，是高亮度 HL-LHC 上的实验开展精细测量的理论基础。[246]另外，因子化定理通常建立于某种幂次计数框架下，如共线因子化建立于硬散射质心系能量的逆幂次展开，横动量因子化则建立于轻子或强子的横动量幂次展开。即使在没有因子化破坏的情况下，更高幂次修正效应对高精度测量也不可忽略。[247]另外，幂次修正在电弱和希格斯物理中也有重要应用。例如，希格斯玻色子通过底夸克圈衰变到双光子的过程本身就是幂次压低的，借助该过程可以测量希格斯和轻夸克的汤川耦合，但对其精确计算必须涉及一类幂次压低的大对数项的重求和。[248,249]在高能散射中，对于存在算符乘积展开的观测量，更高幂次修正与更高扭度修正有一一对应的关系，因此幂次修正的重求和可以归结为扭度算符反常量纲的重整化群演化。但对于大量实际的高能对撞机散射截面，如 Drell-Yan 轻子对产生的总截面或者喷注质量分布，并不存在算符乘积展开描述。此时，幂次修正的重求和依赖于低能 QCD 有效理论技术的发展。

因子化定理的另一个主要部分是自由夸克和胶子的硬散射的振幅。散射振幅的计算是场论教材中的标准内容，但日益高能的加速器装置对散射振幅的计算不断提出新的要求，体现为：①散射粒子数的增加，如 LHC 已观测到多于 10 个喷注产生的硬散射事例，即使在 QCD 微扰论的最低阶近似也要求 2 → 10 散射过程的费曼振幅；②费曼图圈数的增加，LHC 上的一些重要过程的测量精度已达到 1% 水平，如 Drell-Yan 轻子对的横向动量分布。在这个精度下，简单的树图近似已无法满足实验需求，需要包括两圈甚至更多圈修正，以改进微扰级数收敛性。量子场论的微扰展开是渐进级数，相应地随着粒子数或圈数增多的微扰计算复杂度以阶乘增长。正是 Tevatron、LEP、LHC 等高能加速器装置的多喷注的高精度测量极大地促进了微扰硬散射振幅计算技术的发展，突破性的成果包括自旋螺旋度（spinor-helicity）方法（中国魔术）、递推关系、幺正切割技术、分步积分约化和高性能计算等。同时，散射振幅的计算还促进了对量子场论结构的理解，如 BCFW 递推关系 [250] 和场论定域性关系的理解、散射振幅-威尔逊圈对偶及对偶共形不变性的发现、散射方程和 CHY 构造 [251] 等。这形成了从现象学需求到形式理论的发展，再由形式理论的突破反馈到现象学的正循环。未来，高能量前沿加速器装置上的高精度测量将是延续这一良性发展的助推剂。

在高能散射过程的物理研究工作中，人们还需要完整模拟对撞机上硬散射之后的各种动力学机制[252]，如部分子簇射（parton shower）、强子化、不稳定粒子衰变等，从而更全面地与实验数据进行比较。目前主流的用于事例产生模拟的产生器在部分子簇射模拟中只包含了领头对数阶的重求和效应，已完全不能满足 Drell-Yan 过程等散射过程的高精度测量。因此，次领头对数阶甚至更高阶的部分子簇射将是未来的重点研究方向之一。另外，末态强子化过程涉及的是非微扰动力学机制，目前在事例产生模拟中使用的是非第一性原理的简化唯象学模型，而未来实验的探测器性能将得到大幅度提升，能够测量更多的末态粒子信息，因此有必要重新考察强子化模型的可行性和可靠性。另外，对散射过程末态演化动力学机制的深入研究也将为宇宙线射线实验提供可靠的模拟工具，因此有很大的影响力。

五、超出标准模型的新物理的寻找

如前所述，寻找超越标准模型的新物理现象和建立更普适的物理理论是当前粒子物理领域探索新物理的两个主要研究内容。基于加速器的粒子物理实验研究，包括高能量前沿和高亮度前沿，一直是探索新物理的前沿阵地。[253] 高能量前沿加速器可以产生重的新粒子，在新物理的直接探索方面发挥了不可替代的作用。在理论上，任何重的超越标准模型的新粒子，与标准模型的基本粒子（特别是重味粒子）相互作用将会在味物理领域产生相应的物理效应。为此，在高亮度前沿探测相应的新物理现象是间接探索新物理的重要手段之一。另外，若在高亮度前沿发现轻的新粒子，需要在高能量前沿寻找相应的质量更重的新粒子伙伴，建立更普适的新物理理论模型。因此，高能量前沿和高亮度前沿的基于加速器的粒子物理实验在探索新物理领域高度互补，相辅相成。当前，国际上高能量前沿的LHC上的四个实验及高亮度前沿的B工厂、陶粲工厂等正在开展广泛而深入的新物理探索工作。虽然尚未发现新物理存在的直接证据，但新物理的能标及相关新物理模型的参数空间约束被推到了前所未有的新高度。值得一提的是，在高亮度前沿探索新物理有一个独特的性质，即其可探测的新物理能标可能远超出同时期高能量前沿的对撞机质心能量。

（一）超对称模型的探索

超对称模型涉及费米子和玻色子之间的对称性，是时空对称性的最大扩充，是当前新物理研究中最关注的模型之一。[9,10] 在超对称标准模型中，费米子和玻色子对希格斯玻色子质量平方的量子修正互相抵消，自然解决了等级规范问题；在具有R宇称的超对称标准模型中，最轻的超对称粒子（LSP）（如中性规范粒子超伴子、引力子超伴子等）都是暗物质粒子的候选者；超对称模型中电磁、弱和强三种基本相互作用力的耦合常数能够在高标度统一，强烈地暗示了大统一理论。因此，超对称标准模型被认为是联系低能量粒子物理的标准模型与高能量大统一理论模型及超弦理论模型的重要桥梁之一。正由于具备这些重要性质，超对称标准模型自建立以来就引起了粒子物理学家的浓厚兴趣。他们开展了大量的理论和实验研究。

当前，LHC实验在超对称模型的研究及超对称粒子寻找等方面大幅度扩展了LEP实验和Tevatron实验涉及的研究范围与所能达到的参数空间。LHC实验除了在产生截面最大的多喷注加大的横向丢失能量过程中寻找超对称信号外，还全面开展了电弱作用的超对称粒子及第三代超夸克和超轻子产生及衰变的研究。当前，LHC 实验基于已采集的数据，开展了超对称简化模型的分析，没有发现确切的超对称信号存在的证据，对部分超对称粒子［如胶子超伴子（gluino）、夸克超伴子（squark）、顶夸克超伴子（stop）和规范粒子超伴子（electroweakino）等］的质量限制分别不能低于 2 TeV、1 TeV、0.7 TeV、0.4 TeV。即使在部分质量区域发现了约 2 倍标准偏差的超出，仍然需要更高统计量的数据来证实或证伪。高统计的 HL-LHC 实验有可能在超对称模型的研究中取得重大突破，并将决定着未来高能量前沿的实验发展走向。一般来说，HE-LHC 在新物理领域的探测潜力约为 HL-LHC 的 2 倍，而质心能力为 100 TeV 的质子–质子对撞将以量级水平大幅度提升对超对称粒子的探索能力。HL-LHC 和 HE-LHC 项目在一些超对称简化模型中对不同超对称粒子预期的探测灵敏度如图 3-13 所示，而 SPPC 和 Fcc-hh 对质量分别为 20 TeV、14 TeV、10 TeV 和 4～6 TeV 以下的胶子超伴子、夸克超伴子、顶夸克超伴子和规范粒子超伴子粒子有足够强的发现潜力。

（二）超重新粒子的直接寻找

除了超对称模型外，复合希格斯模型[98,11]、额外维模型[99,12]等也为解决规范等级问题提供了可能的解决方案。在复合希格斯模型中，希格斯玻色子是一种新的强相互作用粒子构成的束缚态，电弱对称性破坏由该新相互作用诱导。这种强动力学破坏机制最早来自人工色模型，但由于在实验中缺乏轻的标量粒子而被排除。之后，人们发现由更大的整体对称性破坏产生的赝哥德斯通粒子可以作为希格斯玻色子，从而使模型中出现了轻标量粒子。

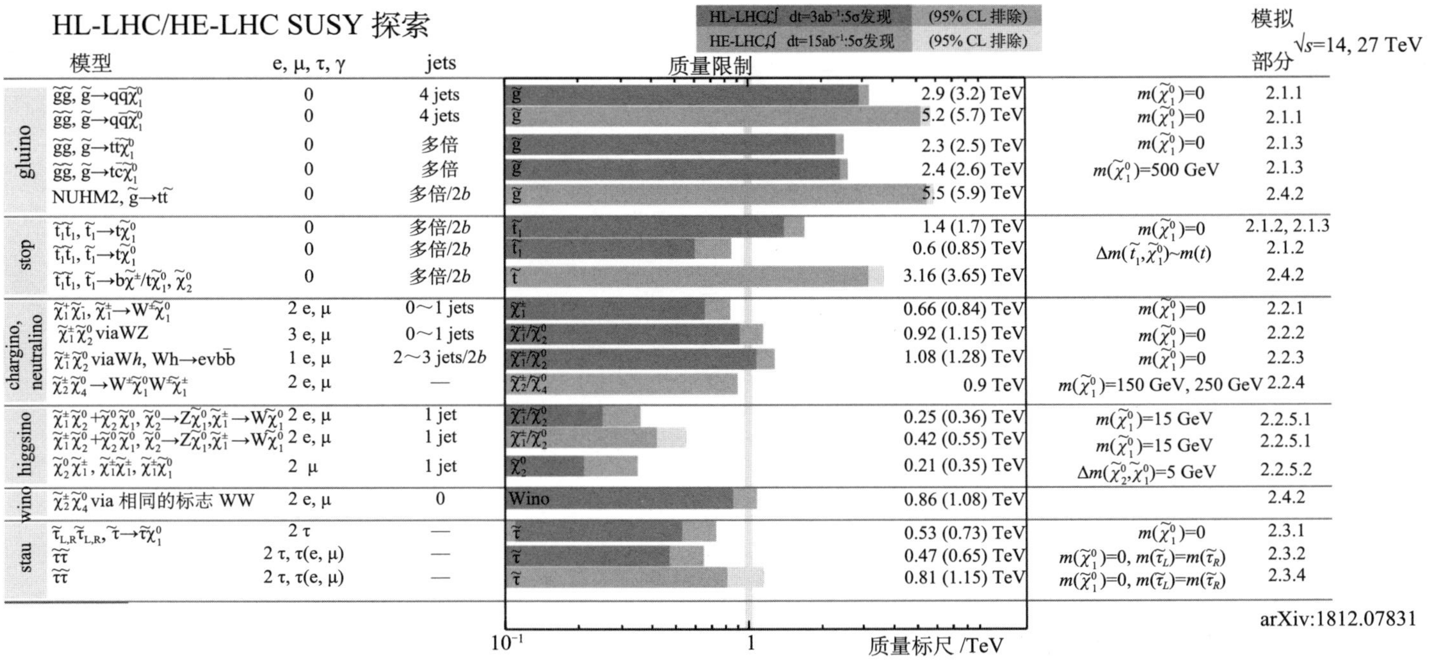

图 3-13 HL-LHC 及 HE-LHC 项目上超对称粒子的排除能标

在 2000 年前后，随着卷曲额外维中全息原理的发展，这种强动力学模型也得到了进一步发展。额外维模型是一种相对于四维时空提出的新物理模型，第五维的出现可以解决规范等级问题。例如，卷曲额外维模型存在一个轨形紧致化的额外维度（$\phi \in [-\pi, \pi]$），在 $\phi=0$ 和 $\phi=\pi$ 处分别有紫外膜和红外膜两个膜，所有标准模型粒子位于红外膜，全空间是一个五维的反德西特时空，只有引力能在五维时空中传播。五维的希格斯场质量在普朗克标度，但在四维膜上的希格斯场质量由于卷曲额外维度的影响也将自然地稳定在电弱标度。

LHC 实验也开展了大量的对复合希格斯模型和额外维模型的检验，如寻找复合希格斯模型中各种顶夸克费米型伴子、轻的哥德斯通玻色子及额外维模型所预言的 KK 引力子等标准模型之外的新粒子。目前通过对 LHC 实验所取得的数据分析，没有发现新物理存在的确切证据，额外维中的 KK 引力子质量不能低于 2 TeV，在一些参数空间的质量甚至不能低于 4 TeV。复合希格斯模型中的顶夸克费米型伴子质量不能低于 1.3 TeV。此外，LHC 实验还对其他一些新物理模型预言的新粒子进行了搜寻，如发现重规范玻色子 W′ 和 Z′、轻子夸克、重希格斯玻色子（当 $\tan\beta > 8$ 时）的质量分别不能低于 2 TeV、1 TeV、1 TeV 等。虽然在一些低质量区间发现了观测数据与标准模型预期略有不符的情况，但限于统计不足原因，目前对这些是不是新物理信号尚无定论，需要更多数据进行验证。HL-LHC 项目和 HE-LHC 项目预期分别可以对质量为 6 TeV 和 14 TeV 以下的重夸克粒子、3 TeV 和 6 TeV 以下的重规范玻色子 Z 有很强的发现潜力。100 TeV 质子－质子对撞机 SPPC 和 FCC-hh 预期对质量在 10 TeV 以下的重规范玻色子给出约束，将对新物理研究产生巨大影响。特别需要指出的是，尽管对撞能量只有 240 GeV，但

CEPC 在轻新粒子探索方面有超越 LHC 的能力。例如，对于超对称中与自然性联系最紧密的希格斯超伴子，当这些粒子质量非常接近时，CEPC 将有更好的探测能力。此外，对暗物质（如暗光子、微小电荷暗物质、类轴子等）及一些长寿命新粒子（如重中微子等），CEPC 也能够探测到 LHC 实验不能涉及的模型参数空间。

（三）暗物质与正反物质不对称性的探索

暗物质的存在已被大量天文学和宇宙学实验数据所证实，是标准模型之外新物理的强有力证据之一。[254] 弱相互作用大质量粒子（即 WIMPs）是众多暗物质粒子候选者中广受关注的一类。[255] 寻找 WIMPs 或者将其证伪是寻找暗物质粒子不可缺少的一步。高能量前沿的对撞机实验在 WIMPs 的研究中发挥了关键性作用。在 LHC 实验中，WIMPs 可以通过标准模型粒子湮灭直接产生或者通过交换中间媒介子产生，为开展 WIMPs 的质量探索和相互作用研究提供了重要机遇。由于 WIMPs 和标准模型粒子的相互作用很弱，因此在 LHC 实验中表现为丢失横能量。通常的特征信号是 mono-X。这里的 X 可以是喷注、光子、矢量玻色子、希格斯玻色子等。通过测量可见的 X 粒子，借助横向动量守恒，便可推知 WIMPs 的信息。当前，通过对 LHC 实验已经获取的数据进行分析，在一些简化暗物质模型中发现暗物质和中间媒介子的质量分别不能轻于 0.5 TeV 和 2 TeV。当然，大质量的 WIMPs 粒子显然不是暗物质粒子的唯一候选者。迄今，高能量前沿实验（如 ATLAS 实验、CMS 实验等）和深地暗物质实验（如 XENON1T 实验、PandaX 实验、CDEX 实验等）都没有看到明确的 WIMPs 信号，所以非常有必要在更广的质量范围内寻找暗物质粒子候选者，包括兆电子伏特到吉电子伏特能区及更轻的暗物质粒子。受制于探测器的能量阈值，在高能量前沿的暗物质直接探测实验对质量处于兆电子伏特到吉电子伏特能标的暗物质粒子的探测灵敏度很差，而兆电子伏特到吉电子伏特能标的暗物质粒子恰好在高亮度前沿加速器实验的探测范围内。高亮度前沿加速器实验对探测轻的暗物质粒子具有独特的优势，为轻暗物质的探测提供了独特的平台。在正负电子对撞机上，轻暗物质可以通过$e^+e^- \to \gamma\chi\chi$过程产生，其中$\chi$代表暗物质粒子。因为在探测器上无法探测到$\chi$，所以$\gamma\chi\chi$末态表现为单光子末态。介子的衰变也可以产生较轻的暗物质粒子，表现为不可见衰变，可以约束暗物质粒子的性质。例如，$J/\psi \to \chi\chi$衰变过程就可以对和光子耦合或者与粲夸克耦合的暗物质粒子的参数空间给出约束。此外，暗物质的存在预示着自然界存在一个或多个暗域，可能有多种新粒子和新的相互作用，而暗物质粒子只是暗域中的一种粒子。因此，暗物质的探索将为基础物理学的研究开辟一个新的领域。理论上，可以通过引入一个媒介子来连接暗域粒子和标准模型粒子间的某种微弱的相互作用，常见的媒介子包括希格斯玻色子、矢量玻色子、中微子、轴子或类轴子等。这些相对较轻的暗域粒子更适合在高亮度前沿对撞机实验中开展探索。此外，其他类型的实验也正在探索惰性中微子等暗物质候选者，相应的研究结果与暗物质直接探测和间接探测形成了很好的互补，为暗物质研究提供了全面的信息。未来的加速器粒子物理实验涵盖了太电子伏特能区和吉电子伏特能区，其超高亮度特性为暗物质的探索提供了不可或缺的研究平台。

宇宙中正反物质不对称性的起源是粒子物理学和宇宙学共同关注的重大科学问题。当宇宙温度足够高时，正反重子对处于产生和湮灭的平衡态。但当温度降到 1 GeV 以下时，该动态平衡被打破，不再有正反重子对产生，且只有正重子残留。一种可能的解释是，这种不对称性的机制是电弱重子数产生机制[256]。该机制与希格斯玻色子紧密联系在一起，可以在高能量前沿对撞机实验中直接验证。通常，电弱重子数产生机制需要存在强一级相变，而这个相变的存在将修改标准模型中的三个希格斯玻色子自相互作用顶点的耦合强度，因此可以在高能量前沿对撞机上测量希格斯对产生过程来检验该机制。由于希格斯对产生截面较小，目前LHC实验测量结果只限制了该过程产生截面不能大于6.9倍的标准模型理论值，与直接探测该过程还有一定的差距，期待未来新的高能量装置能够开展更深入的研究。此外，在高亮度前沿的粒子物理对撞机上开展相应重子数破坏物理过程的测量，也有助于对正反物质不对称性的进一步理解和解决。[257] 虽然质子衰变实验已对可能存在于第一代夸克衰变中的重子数破坏效应给出了极严格的限制，但对其他夸克的研究仍然有重大科学意义。高亮度前沿对撞机上能够大量产生包括第二代和第三代夸克的强子。通过寻找这些强子衰变中可能存在的重子数破坏衰变过程，能够获得对重子数破坏更完备的实验数据和理论认识，与质子衰变实验及中子–反中子振荡实验形成有效的互补。

（四）对称性及普适性的验证

对称或者近似对称，是粒子物理研究的核心内容之一。在实验中开展对称性破坏的物理过程的精确测量，可以验证相应对称性的可靠性。实验中观测到任何超出标准模型预期的对称性破坏都预示着新物理的存在。标准模型有一些较好的全局对称性，也是实验观测到的宇宙中较好的对称，包括重子数、轻子数及轻子味道等。然而，重子数和轻子数只是经典层次的对称，不同于电荷，没有规范对称性的保护。在标准模型中，它们由于量子反常效应产生了破坏，但是 B-L 并没有破坏。中微子的味道破坏已经被实验证实，在这里我们讨论的轻子味道破坏主要是指带电轻子味道破坏（charged lepton flavor violation，CLFV）。[258] 需要指出的是，由于基本粒子的稳定性受到对称性保护，因此通常对对称破坏的研究也有助于理解宇宙的演化问题。

除了专门设计的用于寻找马约拉纳中微子的无中微子双贝塔衰变实验之外，尽管迄今没有看到轻子数、轻子味破坏过程存在确切证据，利用大统计量的对撞机数据在介子的衰变中研究轻子数和轻子味破坏仍然具有重要地位。标准模型中轻子的普适性[259]，即电子、缪子和陶轻子除了质量差别外在基本相互作用框架内没有区别，与味道无关。另外，标准模型中存在树图级费曼图被禁戒而只能通过振幅被压低的圈图进行的味改变中性流过程。如果有质量较重的新粒子出现在圈图中，其额外贡献可能对上述稀有衰变过程的衰变率、角度分布和 CP 破坏等性质产生较显著的影响。之前在 LEP 上 $\mathrm{W}\to\tau\nu$ 与 $\mathrm{W}\to l\nu$（$l=\mu, e$）衰变分支比的比值与标准模型预言有2.6倍标准方差的偏差，最近被 ATLAS 实验和 CMS 实验排除。但近年来，很多缪子相关实验测量（包括 g-2 磁矩等）都出现了与理论预言的较大偏离。特别是在底强子的衰变中，两个 B 工厂在味改变带电流过程 $\mathrm{b}\to\mathrm{c}l\nu$ $\left[\text{即}R(\mathrm{D}^{(*)})=\dfrac{\mathrm{B}(\mathrm{B}\to\mathrm{D}^{(*)}\tau\nu)}{\mathrm{B}(\mathrm{B}\to\mathrm{D}^{(*)}\mu\nu)}\right]$中，LHCb 实验在味改变中性流过程 $\mathrm{b}\to\mathrm{s}\ell^{+}\ell^{-}$ $\left[\text{即}R(K)=\dfrac{\mathrm{B}(\mathrm{B}^{+}\to\mathrm{K}^{+}\mu^{+}\mu^{-})}{\mathrm{B}(\mathrm{B}^{+}\to\mathrm{K}^{+}\mathrm{e}^{+}\mathrm{e}^{-})}\right]$ 中，都观测到实验测量结果和理论预期值存在约 3 倍的标准偏差，暗示存在轻子味破坏（LFV）的新物理机制或效应。未来 5～10 年，对轻子普适性的测量将仍由数据统计量决定。LHCb 一期升级与 Belle Ⅱ 实验具有高度互补性，可以大幅度提高探测轻子数、味破坏和普适性的能力。LHCb 远期升级与二次升级的 ATLAS 和 CMS 联合，可以在 HL-LHC 上进一步提高测量精度，从而提高对新物理的约束能力，确认或证伪当前底强子衰变中观测的新物理迹象。HL-LHC 的一个重要物理目标是将相对分支比 $\frac{Br(B^0 \to \mu^+\mu^-)}{Br(B_s^0 \to \mu^+\mu^-)}$ 的测量精度提高到 10% 的水平。如果实验发现存在与标准模型的偏离，将可以检验最小味破坏（MFV）假设。在粲物理领域，一些新物理模型（如双希格斯模型）预期类似的 LFV 效应也应该存在于粲强子衰变中。当前的粲领域相关的实验没有观测到大于 3 倍标准偏差的轻子普适性破坏的现象，但目前结果的误差都比较大，且都是由统计误差主导的。BES/BESⅢ 实验通过分析巨大统计量的 J/ψ 事例对 $J/\psi \to ll'$ 过程给出了目前重味偶素衰变中 CLFV 最严格的实验约束。基于 100 亿个 J/ψ 事例的预期结果可达 10^{-9}～10^{-8} 量级。另外，也可以在 D 介子衰变中寻找 CLFV 过程。未来的 STCF 每年可以产生 10^{12} 个 J/ψ 事例，考虑到其探测器具有更加优化的粒子鉴别性能，对以上 CLFV 过程的分支比上限可以提高到 10^{-11}～10^{-10} 量级。同时，STCF 每年 1 ab^{-1} 的对撞数据中也会产生约 3.5×10^9 个 $\tau^+\tau^-$ 对，对于在 τ 衰变中寻找 CLFV 过程的上限可以达到 $B(\tau \to \mu\gamma) < 3\times10^{-8}$ 和 $B(\tau \to \mu\mu\mu) < 1.4\times10^{-9}$，极具国际竞争力。值得一提的是，CEPC 和 FCC-ee 如果运行于 Z 玻色子的极点上，可以采集 10^{11}～10^{12} 个 $Z \to b\bar{b}$ 和 $Z \to c\bar{c}$ 事例，并且大幅度提升 $R(D)$、$R(D^*)$ 等观测量的测量精度约 1 个数量级，从而可以对轻子普适性给出很好的检验。此外，CEPC 和 FCC-ee 还能够产生高统计量的 $Z \to \tau\bar{\tau}$ 事例，为陶轻子衰变的轻子数破坏研究提供重要数据。这些精确测量可能为回答是否存在多个希格斯玻色子和轻子普适性是否

破坏等关键科学问题提供重要突破口。另外，在未来的轻子-强子对撞机实验（如 EIC 或 EicC）上也可寻找电子、缪子、陶子之间的转化过程，以及利用陶轻子味破坏衰变过程约束轻子-夸克模型。

第二节　关键技术问题

粒子物理领域的科学探索需要大量高精尖科学技术的支持。为了确保其科学探索的前沿性和基础性，基于加速器的粒子物理实验研究挑战相关技术的极端的性能指标，进而推动原创性的乃至“从 0 到 1”的关键技术发展。另外，粒子物理实验涉及的部分技术的应用范畴远远超越了粒子物理前沿自身的需求，广泛应用于不同的领域，有巨大的应用价值。以下介绍基于加速器的粒子物理实验中的加速器和探测器系统中涉及的关键技术的发展状况与趋势。

一、加速器物理与技术

高能量和高亮度是未来对撞机的发展趋势。对于高能量和高亮度的加速器，束流功率的提高、束-束相互作用的增强及新型对撞方案的采用，将会引出大量新的加速器物理问题并面临技术挑战，当前亟待国际加速器研究团队共同面对并加以解决。通过深入研究高功率束流操纵和高亮度对撞关键技术，有利于推动未来高性能对撞机的物理设计工作，有助于国内加速器科研团队以更高的学术水平参与国际交流合作。通过研究关键技术问题，可以厘清并最终解决未来对撞机建造的主要障碍，提出新的加速器物理思想和技术，显著提升我国在相关研究领域中的国际竞争力和影响力。

未来高能量、高亮度对撞机的性能指标比现有的对撞机有量级提升，在设计时通常会采用全新的对撞方案，将束束作用参数提升至极限。这相应地需要对束束相互作用在极限条件下的不稳定性和新的物理效应开展深入研究。为获得高亮度而采用的强聚焦结构必然会带来强的非线性效应。如何有效地实施对撞机的非线性校正，确保对撞亮度、对撞区域的本底效应、注入效率和束流寿命等性能满足实验需求，是一个极具挑战性的工作。提升束流流强是提高对撞机性能最简捷、最直接的手段，但束流集体效应是制约流强进一步提升的核心因素，需要全面分析束流不稳定性来源，同时引入短程和长程的作用力，才能更加准确地评估综合束流集体效应对机器性能的影响。在高功率束流负载的作用下，高频腔会出现严重的瞬态负载效应，需要对由其引起的纵向束流动力学效应进行深入分析。在高能环形对撞机中，束束相互作用时产生的韧致辐射将形成特有的物理效应，即束团长度被大幅度拉升。同时，由于辐射光子的能量可能很高，粒子的能量偏差会超出纵向接收度范围，对束流寿命形成严重制约。特别是在具有很强非线性的对撞区，如果粒子能量在粒子输运过程中发生了明显变化，则会造成色品校正失配、动力学孔径显著下降等问题。对于超大周长的加速器，非线性动力学的积分效应非常强，磁场误差和安装准直误差对束流性能的影响非常敏感，必须开展高精度的误差分析与校正，才能保证束流品质，同时也对束流轨道的测量与控制提出了极高的要求。高功率束流不仅会产生很强的同步辐射热功率，而且会带来极高束流储能和辐射剂量等新问题，对加速器设备的安全和辐射防护安全也是一个严峻的技术挑战。

如上所述，下一代对撞机的性能指标会有量级提升。对撞亮度是最重要的指标之一。突破加速器的对撞亮度是未来加速器物理的关键。早期的粒子工厂通常通过提高有效对撞流强和压缩束流垂直方向（包络函数 β_y）的方式来提升对撞亮度。例如，在 BEPCⅡ的升级改造中，采用双环、单束团流强 9.8 mA、共 93 束团有效地提升了总流强（BEPC 是单束团运行，总流强为 35 mA），同时降低了 β_y（1.5 cm，BEPC 为 5 cm），使得相应的亮度提升了约两个量级。然而，下一代的超级粒子工厂由于受集体效应和同步辐射总功率的限制，流强很难有极大幅度的提升，只能进一步压缩 β_y 到亚毫米量级。但进一步压缩 β_y，由沙漏效应导致的亮度损失就会越突显：在小交叉角对撞条件下，为了抑制沙漏效应，通常要求对撞点束流包络函数 β_y 与束团长度 σ_z 可比拟，因此降低对撞点束团包络 β_y 需要同步降低束团长度。但降低束团长度的难度很高，特别是强流条件下强烈的束流集体效应严重地限制了可实现的最短束团长度。因此，沙漏效应将制约亮度提升。在过去的 20 年里，加速器物理学家们为提高对撞机亮度做了长期探索。2007 年，INFN 提出了大交叉角（大交叉角）加蟹腰型（crabwaist）的方案。[260] 如图 3-14 所示，该方案的基本思路是通过增大交叉角 θ、压缩自然发射度和 β_y 等途径，实现交叉角远大于 1。在此条件下，压缩 β_y 和同时抑制沙漏效应不需要同时缩短束长，只需满足 $\beta_y \sim \frac{\sigma_x}{\theta} \ll \sigma_z$。但是由于大交叉角引入新的束–束共振会限制束–束相互作用参数，因此在对撞点两侧合适的相位处需要引入一对蟹型（crab）六极磁铁来抑制主要的横向耦合共振和同步–横向振荡（synchrotron-betatron）共振，从而进一步提高峰值亮度，并极大地增加工作点空间上高亮度区域的范围。大交叉角加蟹腰型的方案于 2009 年在位于意大利的 Φ 工厂正负电子对撞机 DAΦNE 上得到了实验验证[261]，并已成为高亮度环形正负电子对撞机设计的共识，先后运用于 STCF 及 CEPC 等的设计。已建成的第一台超级粒子工厂 SuperKEKB 在设计时采用的是另一种高亮度方案，称为大交叉角加纳米级束流（nano-beam）。该方案计划通过提升流强和压缩 β_y^* 值，实现 40 倍亮度的提升。SuperKEKB 从 2016 年开始获取数据，但没有达到设计目标，因此在 2019 年底利用原色品校正六极铁作为蟹腰型使用，目前峰值亮度已突破 $3\times10^{34}\,\mathrm{cm}^{-2}\cdot\mathrm{s}^{-1}$，但还需要进一步提升。[262]

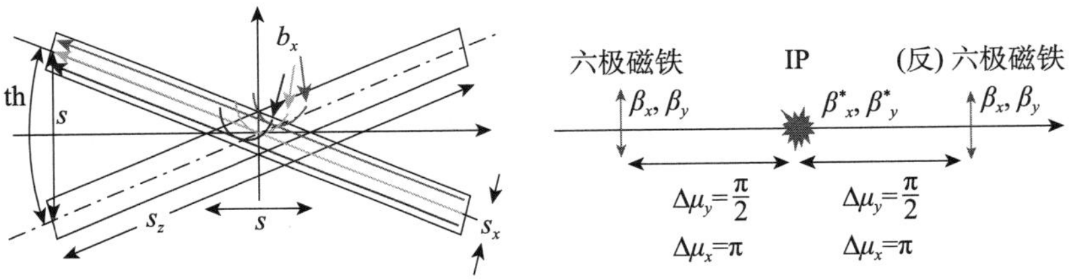

图 3-14　加速器物理大交叉角加蟹腰型的方案

（一）CEPC 加速器物理

2012 年，CERN 宣布发现了希格斯玻色子，粒子物理的研究面临一个重大转折和发展机遇。我国科学家于 2012 年 9 月提出建造下一代 CEPC 并可以适时改造为高能质子–质子对撞机（SppC）的方案。利用质心系能量为 240 GeV 的正负电子对撞产生大量低本底的希格斯玻色子事例，精确测量并确认其性质，深入研究电弱对称性自发破坏机制和质量起源等基本问题，寻找超出标准模型的新物理线索。

CEPC 是对称的双环结构的正负电子对撞机[16]，束流能量优化在 120 GeV，有两个对撞点，兼容希格斯工厂和 Z pole 工厂两个运行模式。CEPC 在希格斯工厂运行模式时对撞点的亮度为 $3\times10^{34}\ \mathrm{cm^{-2}\cdot s^{-1}}$，单束流的同步辐射功率为 30 MW。CEPC 在 Z pole 工厂运行模式时可以兼容 W 玻色子（束流能量为 80 GeV）和 Z 玻色子（束流能量为 45.5 GeV）的物理研究。Z pole 工厂运行模式的束流参数的设计是基于希格斯工厂模式已确定的硬件布局和参数边界，在不增加整个机器建造成本的条件下开展。W 玻色子模式运行时对撞点的亮度为 $1.0\times10^{35}\ \mathrm{cm^{-2}\cdot s^{-1}}$，Z pole 模式运行时每个对撞点的亮度为 $3.2\times10^{35}\ \mathrm{cm^{-2}\cdot s^{-1}}$。CEPC 的主储存环与能量增强器环位于同一个地下隧道内，几何布局基本类似。为了防止二者磁铁磁场之间的相互干扰，能量增强器位于对撞环上方 2.4 m 处。SppC 是 CEPC 完成实验任务后的未来升级工程，其几何布局也与 CEPC 几乎相同，将在 CEPC 已有的隧道内完成工程建设。SppC 的布局位于隧道外侧，这样可以保证未来 SppC 进行物理设计与优化时不会影响 CEPC 的工程设计。

CEPC 直线加速器的长度为 1200 m，出口处的束流能量为 20 GeV，发射度为 10 nm，能散度小于 2×10^{-3}。直线加速器轰击正电子靶的束流能量为 4 GeV、电荷为 10 nC，满足能量增强器的注入要求。能量增强器的注入能量为 20 GeV，针对 Z 玻色子、W 玻色子和希格斯工厂三种不同运行模型分别提升能量到 45.5 GeV、80 GeV 和 120 GeV 后引出到主储存环。直线加速器位于地面，主储存环和能量增强器隧道位于地下 100 m，输运线连接直线加速器和能量增强器，坡度为 1:10。对撞环有 8 个长直线段，其中两个为对撞区，两个为高频区，两个为离轴注入区，两个为轴注入区。受动力学孔径的限制，希格斯工厂模式在初步调试阶段将采用在轴注入的方式，希格斯工厂、W 工厂和 Z 工厂正式运行时都将采用离轴注入方式。CEPC 在不同运行模式的加速器参数如表 3-4 所示。

表 3-4　CEPC 对撞环的主要参数

参数	运行模式		
	希格斯玻色子	W 玻色子	Z 玻色子
对撞点数目 / 个	2		
能量 /GeV	120	80	45.5
周长 /km	100		
同步辐射损失 /（圈 /GeV）	1.73	0.34	0.036
交叉角 / mrad	16.5 × 2		
Piwinski 角	3.48	7.0	23.8
单束粒子数目 / $\times 10^{10}$ 个	15.0	12.0	8.0
束团数目 / 个	242	1 524	12 000（10 % gap）
束团间距 /ns	680	210	25
总流强 /mA	17.4	87.9	461.0
同步辐射功率 /MW	30	30	16.5
偏转半径 /km	10.7		
动量压缩因子 / $\times 10^{-5}$	1.11		
对撞点包络函数（β_x^*，β_y^*）/m	0.36，0.001 5	0.36，0.001 5	0.2，0.001
发射度（x，y）/nm	1.21，0.002 4	0.54，0.001 6	0.18，0.001 6
对撞点束团尺寸（σ_x，σ_y）/μm	20.9，0.06	13.9，0.049	6.0，0.04
ξ_x，ξ_y	0.018，0.109	0.013，0.123	0.004，0.079
高频腔压 /GV	2.17	0.47	0.10
高频频率 /MHz	650		
谐波数	216 816		
自然束长 /mm	2.72	2.98	2.42
总束长 /mm	4.4	5.9	8.5
阻尼时间（x，y，z）/ms	46.5，46.5，23.5	156.4，156.4，74.5	849.5，849.5，425.0
自然色品（x/y）	−468/−1161	−468/−1161	−513/−1594
工作点（v_x/v_y）	363.10 / 365.22		
纵向工作点	0.065	0.040	0.028
单腔高次模功率（2cell）/kW	0.46	0.75	1.94
自然能散 /%	0.100	0.066	0.038
总能散 /%	0.134	0.098	0.080

续表

参数	运行模式		
	希格斯玻色子	W 玻色子	Z 玻色子
能量接收度需求 /%	1.35	0.90	0.49
高频能量接收度 /%	2.06	1.47	1.70
束致辐射光子产额 / 个	0.082	0.050	0.023
束致辐射寿命 / 量子寿命 /min	80/80	> 400	
总寿命 /h	0.43	1.4	2.5
沙漏亮度因子 F	0.89	0.94	0.99
亮度 /IP/（$\times10^{34}$ cm$^{-2}\cdot$s^{-1}）	2.93	10.1	32.1

（二）STCF 加速器物理

按照物理研究需求，中国 STCF 的质心能量覆盖范围为 2～7 GeV（单束流能量为 1～3.5 GeV），其可调范围比 BEPCⅡ的大 50%，可提供独有的 5～7 GeV 能区的粒子物理实验研究平台；对撞亮度的峰值在束流能量为 2 GeV 时大于等于 5×10^{34} cm$^{-2}\cdot$s^{-1}，比 BEPCⅡ的亮度提高了两个量级；同时具备未来进一步升级提升亮度或提供纵向极化电子束的条件，为粒子物理的非微扰 QCD 性质和核子结构的研究提供独特的研究平台。

STCF 的核心技术是如何在陶粲能区突破峰值对撞亮度。为此，STCF 的对撞机设计[263]将采用大交叉角加蟹腰型的方案来实现设计亮度，加入阻尼扭摆磁器（damping wiggler）实现束流阻尼时间和发射度调节，初步设计方案的参数如表 3-5 所示。

表 3-5　STCF 加速器的主要参数

参数	数值			
	束流能量为 2 GeV	束流能量为 1 GeV	束流能量为 1.5 GeV	束流能量为 3.5 GeV
周长 /m	860.321			
交叉角（2θ）/mrad	60			
L^*/m	0.9			

续表

参数	数值			
	束流能量为 2 GeV	束流能量为 1 GeV	束流能量为 1.5 GeV	束流能量为 3.5 GeV
相对论因子	3913.9	1956.9	2935.4	6849.3
回旋周期 /μs	2.87			
回旋频率 /kHz	348.47			
耦合因子 /%	1	15	10	0.5
水平发射度（SR/DW，IBS）/nm	8.79/4.63	2.20/5.42	4.94/3.82	26.9/26.91
垂直发射度（SR/DW，IBS）/pm	87.9/46.3	330/813	494/382	134.5/134.55
β_x，β_y/mm	60/0.8			
σ_x，σ_y/μm	16.67/0.19	18.03/0.81	15.14/0.55	40.18/0.33
v_x/v_y	30.543/34.58	30.555/34.57		
动量紧缩因子 /10^{-4}	13.49	12.63	13.24	13.73
能散（SR/DW，IBS）/10^{-4}	5.72/7.82	2.86/6.18	4.29/6.93	10.01/10.02
束流流强 /A	2	1.1	1.7	2
束团填充因子	48%			
束团数目 / 个	688			
束团间隔 /ns	4			
单束团流强 /mA	2.91	1.6	2.47	2.91
单束团粒子数目 /10^{10} 个	5.20	2.86	4.42	5.20
总粒子数目 /10^{13} 个	3.58	1.97	3.05	3.58
单束团电荷量 /nC	8.34	4.59	7.09	8.34
辐射能损（SR/ 总共）/keV	159/543	10/106	50/267	1494/1494
辐射功率损失（SR/ 总共）/MW	0.318/1.086	0.011/0.117	0.085/0.453	2.988/2.988
阻尼时间（$\tau_x/\tau_y/\tau_z$）/ms	21.1/21.1/10.6	54.2/54.2/27.1	32.3/32.3/16.2	13.5/13.5/6.7
RF 频率 /MHz	499.7			
谐波数	1434			
RF 腔压 /MV	2.5	0.75	1.2	6
纵向相位 /deg	167	172	167	166
纵向工作点	0.0194	0.0146	0.0154	0.0228
自然束长 /mm	7.21	6.62	7.89	8.26
束团长度（0.1Ω，IBS）/mm	8.7	9.46	10.01	8.79
RF 能量接收度 [（$\Delta E/E$）$_{max}$] /%	1.68	1.44	1.35	1.88

续表

参数	数值			
	束流能量为 2 GeV	束流能量为 1 GeV	束流能量为 1.5 GeV	束流能量为 3.5 GeV
Piwinski 角 /rad	15.45	15.74	19.84	6.56
束束参数（ξ_x/ξ_y）	0.004/0.074	0.005/0.023	0.004/0.033	0.003/0.032
沙漏效应因子	0.917	0.905	0.927	0.750
亮度 /（$\times 10^{34}\text{cm}^{-2}\cdot\text{s}^{-1}$）	9.78	0.62	2.09	4.48

STCF 对撞环为双环完全对称结构，正负电子束流能量相等，全环只有一个对撞点。电子环和正电子环位于同一个水平面内，在对撞点和对面的交叉点相交，并沿两个交叉点连线对称。两个对撞环都是两折对称结构。考虑双环的交叉布局，同一个环的两侧弧区漂移节长度略有差别，以形成内外双环。双环之间的间距在 2 m 左右。在对撞区两侧预留旋转器的安装空间，为后面项目升级考虑束流极化做准备。每个环分别由一个对撞区、四个大弧区、两个小弧区、一个交叉区和若干个直线段组成。对撞区采用模块化功能设计，主要包括终聚焦望远镜段、垂直与水平局部色品校正段、蟹型六极磁铁段等。通过超导磁铁组成的偶极子结构终聚焦望远镜段可以将对撞点 β_y^* 压缩到 1 mm 以下，通过满足 I 变换的六极铁对进行水平和垂直方向的局部色品校正，以优化偏能动力学性能，通过蟹型六极磁铁来校正大交叉角对撞带来的横向耦合效应以提高亮度。弧区采用相同的标准 FODO 单元设计，以便放置多组六极磁铁对用于局部色品校正和非线性优化，六极磁铁成对交替放置，每对之间的相移为 180°，满足 I 变换条件，每四个相同的 FODO 结构组成一个 HOA 单元，从而实现一阶几何共振项的基本抵消。STCF 将采用直线加速器满能量注入，整个注入器的总长度约为 400 m，主要由电子枪、聚束系统、三个直线加速段、正电子源、电子旁路漂移段及正电子阻尼环等部分组成。计

划采用单脉冲双束团的注入方式，其中 1.0 GeV、1.5 nC 的电子束经旁路用于电子注入；1.0 GeV、5 nC 的电子束加速到 1.5 GeV 后打靶产生正电子。正电子束流发射度较大，因此需要收集并注入一台能量为 1.0 GeV 的正电子阻尼环。从阻尼环引出的正电子束和之前旁路引出的电子束均通过后半段 1.0 ～ 3.5 GeV 直线加速器加速。作为备选方案，也考虑使用增强器置换式（swap-out）的注入方式。

（三）加速器关键技术

针对 CEPC 和 STCF 的设计，除了加速器物理方案的研究，还有若干项重要加速器技术需要开展预研。以超导高频腔、高效大功率速调管、高精度磁铁等为代表的关键设备，是未来高性能加速器不可或缺的核心部件。并且，在研发核心部件的同时，需要尽可能地开发、研究和应用新技术、新设备、新工艺、新材料，从而降低建造投资，节约运行成本，使未来加速器成为更加绿色环保的资源友好型工程。具体关键技术列举如下。

1. 射频超导技术

射频超导技术是高频系统的核心技术。高频系统负责为束流提供能量，是整个加速器的发动机。射频超导技术的应用可以大幅度降低加速粒子时产生的功率损耗，核心技术为超导腔。目前超导腔一般运行在−271 ℃的低温环境，算上低温机组的功率损耗，射频超导技术通常比常温加速技术节省一个数量级以上的功耗。此外，由于超导态下的加速腔壁损耗小到可以忽略不计，因此无须考虑常温加速结构类似的由于过高微波功率破坏加速结构的问题，可以采用连续波运行的模式。这是常温加速器结构不能实现的。另外，超导态下低的功耗还带来了其他物理性能优势。例如，与常温加速器结构相比，它可以将束流孔径设计得更大，从而大大提高被加速粒子的束流品质；由于超导腔本身损耗很小，可以考虑束流的能量回收……因此，射频超导技术给加速器的总体性能带来质的飞跃，是当今加速器领域的关键技术。当前在建和规划中的大型加速器，如高能物理和核物理对撞机及同步辐射光源、自由电子激光、散裂中子源、加速器驱动的次临界系统（嬗变-增值-发电）、中微子工厂等，几乎都将采用超导高频技术。

近年来，我国在超导高频技术领域的研究取得了很大进展，在超导腔制造、后处理、电抛光、测试等方面基本达到国际先进水平。针对 CEPC 的 1.3 GHz 和 650 MHz 高 Q 值腔已全面达到设计指标。特别是，腔的中温退火处理工艺已经稳定达到世界领先水平，可以满足未来硬 X 射线自由电子激光的需求。我们还在国际上首次提出采用超高梯度、超高 Q 值单元 650 MHz 腔设计，以同时满足 CEPC 上希格斯玻色子、Z 玻色子和 W 玻色子运行能量的需求，实现运行模式随时切换，大大提高了灵活性，很好地满足了物理要求，比 FCC 要不断更换超导腔且只能从低能到高能的运行方式要好很多。同时，我们也在大晶粒铌腔、铜腔镀 Nb_3Sn、铁基镀膜超导腔等前沿技术方面与国际同步开展预研。在超导腔模组集成方面，我们完成了一套双腔 650 MHz 腔模组安装，完成了全套低温、机械、高次模抑制器等的研制，正在测试中。

由于需要兼顾高能量、高流强、高功率运行并保留未来大幅度升级的可能性，下一代正负电子对撞机加速器对其超导腔的加速梯度、品质因数、输入功率、高阶模功率、基模边带和高阶模抑制及多种运行模式切换和匹配、增强器动态运行等方面提出了前所未有的挑战，需要将储存环超导高频技术整体提升到崭新的高度。未来，超导高频技术的发展主要集中在三个研究方向：①探索新技术、新工艺，开发新的制造设备，研制高梯度、高 Q 值因子的超导铌腔；②高性能的超导高频系统设计及超导模组集成工艺研究；③基于射频超导物理的研究，寻找和制备性能更优的新材料，如 Nb_3Sn 镀膜腔和铁基超导镀膜腔等。

2. 高效大功率速调管技术

高效速调管技术隶属于功率系统，是功率源系统的核心技术，为加速器的微波功率的馈入系统，是加速器不可或缺的关键部件。速调管的效率及成本在很大程度上决定了加速器的运行和建造成本。当前国际上使用较多的是连续波速调管，相应的工作效率为60%～65%。提高速调管的效率以实现能源的合理高效利用是缓解高能耗问题的关键突破点。目前国际上不同的研究单位、高校和速调管生产厂家正积极地参与高效率速调管研发的竞争，相应速调管的效率有一定提升，比较典型的（如多注速调管）的最高效率可超过 70%。此外，随着科学界对速调管物理原理的研究和理解进一步深入，新的物理概念不断提出和超级计算机资源出现，当前计算机模拟可以获得的速调管工作效率可达 80%～90%。速调管的工作效率在很大程度上取决于电子群聚的好坏，其高基波电流和低能散是提升速调管效率的两个基础条件。目前，国际上高效率速调管的研制还处于实验室研究阶段，前景非常广阔，对我国在该领域的研究既是机遇又是挑战。CEPC 项目组已完成第一根国产速调管的研制，连续波功率达到 800 kW，效率达到目前国际先进水平的 62%；第二根国产速调管的研制工作已经完成，正在进行测试，设计效率是国际最高的 78%；第三根国产速调管是多注速调管，正在生产制造，设计效率是国际最高的 80%。

3. 新加速技术——等离子体尾场加速

基于等离子体尾场加速的加速器的加速梯度比传统射频加速

模式的梯度高 2～3 个数量级，因此在过去 40 年中受到广泛关注。以高能粒子束需求为驱动的等离子体尾场加速器具有大规模降低建设成本、挑战高能量前沿的潜力；如果该技术取得突破，其超短超强激光脉冲为驱动束的激光尾场加速器，可以用于产生能量较低的桌面型电子源及衍生 X 射线源和 γ 射线源等，具有很高的社会效益。截至目前，由于等离子体尾场加速在稳定性、能散、能量利用效率、参数准确可控等方面与传统加速器尚有一定差距，完全基于等离子体尾场加速原理的下一代粒子对撞机在技术上还不够成熟，仍需要十年以上的研究工作，任重而道远。

尽管如此，基于等离子体尾场加速的加速器与传统加速器技术相结合，扬长避短，仍可以对目前正在设计、预研、建造中的未来加速器产生积极的影响。从中期发展策略来说，我们应该立足于等离子体尾场加速的加速器与传统加速器相结合，借此进一步推动等离子体尾场加速原理和技术的探索与改进。例如，可以在直线加速器与增能环之间加入一段基于等离子体尾场加速的加速器，将直线末端的正负电子束能量提升数倍，再注入增能环中，从而在解决增能环中的偏转磁铁低场问题的同时，不额外增加预算；也可以在正电子源的靶室前段加入一段等离子体尾场加速的加速器，大幅度提高打靶电子束流能量，从而获得高性价比、高产额的正电子源。这里要解决的关键物理与技术问题包括：大电荷量（10～100 nC）密度调制驱动电子束流的产生、10 m 级稳定等离子体通道的产生、基于等离子体尾场加速的加速器与传统加速器的完美级联、电子高变压比等离子体尾场加速的实现、正电子高效率等离子体尾场加速的实现等。

4. 注入器和束流源关键技术

由于超高亮度及由此带来的其他束流动力学性质，超级粒子工厂的束流寿命都较短。为此，必须采用不间断的恒流（top-off）注入，即以一定的时间间隔不断地向储存环补充束流损失，达到近似恒流的运行模式。为保障对撞机稳定运行，需要实现以下两个关键步骤。

（1）结合主储存环束流动力学的参数要求，设计全能量注入的直线加速器或增强器。正电子束流还需要设计阻尼环以控制束流发射度。由于对撞机的动力学孔径较小，因此需要设计小孔径注入系统，优先考虑脉冲多极矩注入或在轴注入（如纵向相空间注入）等方案。同时，也考虑置换式注入方式配合环形增强器作为注入器的备选方案。

（2）恒流注入需要更高流强、更高稳定性的电子源和正电子源。为满足注入束流品质要求，电子源将采用高流强、小发射度的光阴极微波电子枪。目前国内自主研制的光阴极微波电子枪的技术水平已接近国际主流水平，但在单脉冲电荷量、重复频率等方面距离国际前沿尚有一定差距，亟待研制单脉冲电荷量≥5 nC、重复频率≥50 Hz 的光阴极电子枪。对撞机正电子源通常采用高流强电子束打靶、收集级联簇射产生的正电子得到。高产额、高品质的正电子源有赖于打靶束流的优化、靶室的设计与优化和高效的正电子俘获收集传输系统的设计。为满足对撞要求，需要研制单脉冲电荷量≥0.3 nC、重复频率≥100 Hz 的正电子源。

5. 束流测量与控制技术

束流测量系统是加速器运行调试的核心工具，提供束流实时的参数，与各种反馈相关的系统同时为抑制束流不稳定性、提高束流流强、调节束流位置、支撑束流运行的稳定性提供技术支持。因此，束流测量系统不仅是加速器运行调试人员的“眼睛”和“耳朵”，也是“双手”。对于环形对撞机来说，关键的束流参数包括能量、束团尺寸、束流位置、发射度、束流损失和工作点等。对于下一代环形对撞机，大部分束测技术（如位置测量、流强测量等）均已具备，但仍有部分关键技术有待研究。

康普顿背散射法能量测量系统可以精确测量束流能量，但传统方法的能量测量范围有限，且要占据较大安装空间。近期发展了紧凑型康普顿背散射的能量测量方法，其激光束以90°的角度垂直撞击电子束，有两个优点：①非常紧凑，因此也可以用于空间有限的储存环；②横向结构将康普顿边缘光子的能量减少1/2，使得测量和探测器校准更加容易，从而扩大了可测量范围。目前，该方法的束流能量相对精度为 1.8×10^{-4}，通过进一步深入研究预期可以达到 10^{-5} 水平。

现有的储存环束团截面尺寸测量技术主要基于同步光干涉法，适用的束团尺寸范围在几十微米至几百微米量级。下一代环形对撞机的束团垂直截面尺寸在亚微米至10 μm 量级，需要分辨率好于100 nm、适用束团尺寸为亚微米至10 μm 量级的X射线空间干涉法。该方法的基本原理与现有的同步光空间干涉法类似，但相应的技术方案和高精度光学成像研制工艺等仍有待突破。在提高测量精度的同时，还应当发展逐圈、逐束团的束团尺寸监测技术，以进行束流膨胀（blow-up）等过程的动态观测，从而为实现高对撞亮度提供更直观有效的监测与控制手段。

对于实际运行的加速器装置，需要利用束流测量的信息进行反馈，以抑制束流不稳定性或校正束流位置与角度，相关的技术包括逐束团反馈技术和束流位置反馈技术、亮度反馈技术等。快速亮度反馈（rapid luminosity feedback）技术通过反馈改变对撞点处的双束中的其中一个的相对横向位置及束流间的垂直角度（Y'），使得巴巴（bhabha）辐射过程的探测值最大（即亮度最大）。为抑制束流的各种不稳定性，需要发展束流反馈技术。基于逐束团的宽带时域测量，可以实现束流不稳定性的时频分析，得到不稳定性模式，测量不稳定性的增长率和阻尼率等；通过此测量平台，可以进一步分析不稳定性来源，优化储存环整体的阻抗设计。并且，需要研制高精度束流反馈数字信号处理器，并集成内在的束流分析工具。对撞点束流位置的反馈采用慢反馈与快反馈技术相结合的方案；慢轨道反馈系统的校正速率和带宽为几赫兹，主要用于保证对撞点处的长期稳定性，快轨道反馈系统的校正速率为几百赫兹甚至几千赫兹，用于抑制短期快速的束流抖动，二者结合对零（DC）到几百赫兹带宽范围内的干扰进行抑制。

为了实时精确监测束流，束流位置处理器的性能需要达到慢获取分辨率为 50 nm、逐圈分辨率为 2 μm 的水平，工作点测量的分辨率要好于万分之一。为了保障加速器稳定运行，还需要高稳定性的数字微波低电平技术，储存环和直线加速器均需达到幅度稳定度 0.05%（rms）、相位稳定度 0.05 度（rms）的标准。这些技术指标均将达到在研的衍射极限同步辐射光源（如北京高能同步辐射光源）水平。

6. 真空技术

现有环形正负电子对撞机的束流性能指标低于三代同步辐射光源，对真空技术的要求较低；未来环形正负电子对撞机的流强比现有同类装置更高、发射度更低，因此真空室的尺寸将更小、对真空室阻抗优化的要求更高，在此环境下的真空技术将与现有 BEPCⅡ和三代同步辐射光源装置有较大差别。

储存环真空室的阻抗（也叫耦合阻抗）只取决于真空室本身的结构和尺寸，不随束流流强和品质变化。为符合在高能同步辐射条件下的真空要求，真空室结构及其内部的光吸收器的设计及布置、高负载下光吸收器及真空室的稳定性及真空性能都是要研究的对象，为此需要进行模拟计算和实验研究。通过数值模拟计算，可以分析具备复杂形状和边界条件的真空室的尾场与阻抗。在储存环真空室的设计和制造阶段应尽量降低它的阻抗，这对未来克服各种束流不稳定性十分重要。在长期运行条件下，需要监测真空室的位移和精度。对未来大型环形对撞机，初步估计真空室的位移分辨率需要达到 50 nm，温度测量分辨率需要达到 0.02 ℃。粒子加速器真空室内的残余气体会被带电粒子束电离产生电子。同时，被粒子束轰击及同步辐射光照射的真空部件表面也会产生光电子发射。这些电子轰击真空腔体，导致二次电子发射，最终导致形成电子云。高密度的电子云对束流的效应导致横向束流不稳定性上升、束流损失增加、束流横向束团长度增大和真空度降低等后果，极大地影响了高能高亮度加速器装置的性能。为此，需要研制低二次电子发射（长期运行下二次电子发射率 $\delta_{max}<1.0$）的加速器真空室结构材料，研究可用于高能高亮度电子储存环的真空室表面处理方法。目前常见的技术手段有石墨烯镀膜、激光刻蚀等。此外，高亮度、高流强的环形对撞机同步辐射非常强，导致储存环的热负载较高，因此需要研究如何降低热负载、提高热传导效率和维持储存环温度环境。

7. 超导磁铁技术

为了实现高亮度的稳定运行，除了物理上的设计之外，工程技术方面的高场磁铁是核心技术之一。

在 STCF 和 CEPC 设计中，对撞区聚焦系统需要聚焦四极磁铁、色品补偿用六极铁和蟹型六极铁，并且需要超导螺线管线圈等。为了保证对撞点保持极小的束流包络，超导四极磁铁的梯度和超导螺线管的磁感应强度都非常高，因此恒温箱内的磁铁需要实现聚焦四极磁场、弯转磁场、轨道和谐波校正磁场及螺线管磁场等多种功能。距离对撞点最近的第一块四极磁铁将采用多层、多功能的紧凑型超导磁铁，包含聚焦四极磁场、弯转磁场、轨道和谐波校正磁场及螺线管磁场等多种功能。这块磁铁尤其需要考虑孔径设计的问题。第一块四极磁铁处的束流分离量不足以设计成完全独立的两个储存环，所以正、负电子束流会通过同一块磁铁，之后的束流管道才能完全独立；又因为正负电子束间仍有一定距离，因此双孔径的超导磁铁是最可行的方案，即正负电子束在同一块磁铁内，但是各自的束流管道分别通过两个分离的磁铁孔径。这种方案对磁铁设计和磁场质量的控制是一个考验。

对于高亮度环形对撞机STCF，为了在整个束流能量范围内对亮度进行优化，维持一个恒定的水平发射度和阻尼时间，束流的阻尼参量需要根据其能量进行精确控制，为此需要超导阻尼扭摆器。一个参考标准为，超导阻尼扭摆器在束流能量为3.5 GeV时的磁感应强度为0，1 GeV时的磁感应强度为4.9 T。

未来75～150 TeV更高对撞能量的质子对撞机（SPPC、FCC-hh等），高场磁铁在全环的填充率达到80%。在一个周长为100 km的高能量加速器中，高场磁铁的总数量将达到数千个乃至上万个。二极磁铁的偏转磁场强度需要达到12～24 T。因此，高强度磁铁成为强子对撞机中最关键的技术之一。2018年底，国际上已经成功研制HL-LHC项目需要的11 T的超导二极磁铁，并满足其他设计要求，最高场强可以达到12 T。但考虑到隧道内的空间限制、机器运行功率及造价等因素，研究使用更高性能的超导材料是唯一的选择。目前基于低温超导材料NbTi的超导磁体已经广泛应用于国际上多个在运行的粒子加速器中，如美国费米国家加速器实验室的 Tevatron、布鲁克海文国家实验室的 RHIC、德国电子同步加速器研究所的 HERA、欧洲核子研究组织的 LHC 等。其中，LHC 加速器上的二极磁体场强为 8.3 T，为目前在运行的超导加速器磁体场强最高值，非常接近 NbTi 超导磁体的场强临界值。基于低温超导材料 Nb_3Sn 的更高场二极实验磁体，美国费米国家加速器实验室于 2019 年 9 月创下最新世界纪录 14.3 T。在理论上，基于 Nb_3Sn 超导材料的加速器磁体的临界磁场强度为 16～17 T。若想进一步提升场强，必须使用具有更高临界场的高温超导材料，如 ReBCO、Bi-2212 及最新的铁基超导材料等。

与目前已经实用化的其他超导材料相比，从高场性能到实用化线材的制作成本，铁基超导材料均有潜在的巨大优势。2016 年，中国科学院高能物理研究所联合国内相关科研机构和企业，成立了“实用化高温超导材料产学研合作组”，开展从超导机制、超导材料到超导磁体及高频腔技术，从基础科学到技术应用的全链条研究。合作组的十年研究主要目标是：①将铁基超导材料的电流密度提高至目前水平的 5～10 倍；② 持续提升 ReBCO 等二代高温超导带材、Nb_3Sn 等低温超导线材的高场载流及力学性能；③基于先进高温及高场超导材料的下一代高性能、低成本、高场超导磁体与超导腔技术研发，以及相关工业基础水平的提升与产业化。目前，中国科学院高能物理研究所为 CERN 高亮度 LHC 升级建造的 CCT 磁体样机已达到要求，正在批量生产。国际首台 12 T 双孔径超导二极磁体完成测试，国际首个铁基超导线圈实现高场下性能测试，证明铁基超导材料是未来高场磁体的最佳选择之一。

此外，超导线材内部的应力是影响其临界电流和超导磁铁运行稳定性的重要因素，需要重点关注磁铁线圈的绕制工艺和磁铁的整体机械结构设计，采用相关的有限元分析软件对磁体进行应力和应变分析，使线材内部的应力保持在安全合理的范围内。运行束流稳定性对磁铁电源稳定性也提出了更高要求。

8. 束流极化技术

20 世纪 90 年代以来，粒子物理实验的高精度前沿日益受到重视，极化束流对撞的实现成为加速器科学家们特别感兴趣的热点。实现纵向极化对撞，首先需要在储存环中产生和保持具有高品质、较高自旋极化度的束流，其次需要在对撞点实现纵向极化。

自旋匹配（spin match）指设法使储存环两点间反映自旋极化对横向运动和同步振荡的依赖关系的矩阵 G 的矩阵元最小化的过程。调节磁元件强度、完成自旋匹配后，退极化被抑制，平衡态极化水平提高。通常来说，经过充分的自旋匹配后，$\tau_{\mathrm{p,eq}}$ 与不考虑退极化作用时索科洛夫-捷尔诺夫（Sokolov-Ternov）效应建立辐射极化的特征时间 τ_{p} 可比拟，且可以认为 τ_{p} 与束流能量的五次方成反比，与储存环的周长成正比，与弯转半径的平方成正比。对于以 BEPCⅡ为代表的高精度中低能量环形正负电子对撞机而言，能量较 HERA 明显低。而为了保证足够的对撞亮度，其周长和弯转半径不可能做得太小，因此极化建立时间显著增加，通常在几小时量级。同时，超高对撞亮度使得束流寿命 τ_{b} 也变得很短。例如，SuperKEKB 的设计束流寿命在 10 min 以内，连续注入保持恒流成为维持高平均亮度的必要措施。如果在这种情况下注入非极化束流，则在达到平衡极化度之前束流就已经几近损耗；如果注入束流的极化度为 P_0，则储存环中的平均极化度为 $P_{\mathrm{avg}} = P_0 \dfrac{\tau_{\mathrm{p,eq}}}{\tau_{\mathrm{p,eq}} + \tau_{\mathrm{b}}} + P_{\mathrm{eq}} \dfrac{\tau_{\mathrm{b}}}{\tau_{\mathrm{p,eq}} + \tau_{\mathrm{b}}}$。因此，无论是 B 工厂，还是陶粲工厂，都需要注入高极化度束流，使得注入高极化度束流与部分退极化的循环束混合后仍保持一定的极化度。理论上，可以专门增加一个较紧凑的预极化环，以积累高平衡极化度束流并注入对撞机；更加高性价比的合理办法则是采用极化束流源。高极化度的束流源、较优的极化矢量保持与偏转设计，是实现环形对撞机中极化对撞的两个关键。

目前最常见的极化电子源是半导体光阴极极化电子枪，技术已较成熟，在正负电子对撞机设计中已成为主流选项，目前研究的关键主要在于如何进一步提高电子束的流强、极化度，降低发射度，改善束流品质。极化正电子源的技术远未成熟。但对粒子物理研究而言，双束极化束流的对撞比极化电子-非极化正电子对撞更为高效，因此仍需研究极化正电子源。常规的思路是利用圆极化光打高 Z 材料靶产生正负电子对中的极化传递过程，通常采用的是 γ 光，因此极化正电子源的关键在于高通量圆偏振 γ 光源的研制和打靶效率的优化。

极化电子枪产生的极化电子束和圆极化光产生的极化正电子束所具备的都是纵向极化度。纵向极化束流经弯铁时，粒子自旋方向与磁场方向不平行，会导致退极化。通常的做法是：在极化源出口处通过自旋转动装置将束流极化转动到垂直方向，再经过直线加速器和输运线将束流注入储存环；环内再安装一个或多个自旋转动装置，保证全环元件共同作用下束流自旋极化矢量在对撞点处有纵向的周期解。储存环内、对撞点外，对极化方向没有严格要求，但如果极化矢量在对撞区外尽可能平行于弯铁磁场方向，将有利于抑制退极化。因此，需要针对束流能量设计自旋转动装置，如奇数个西伯利亚蛇等。放入西伯利亚蛇、综合考虑极化和退极化因素后，可以用计算机程序计算电子储存环的平衡态极化水平，并进行优化设计。通常来说，越多的“蛇”可以达到越高的对撞点纵向极化度，但成本也相应上升。

9. 系统整合研究

对撞机是包含多个不同系统的复杂科学装置，涉及不同领域的技术。因此，其中关键子系统的模块化整合–封装和系统级别的测试对于大型项目的顺利调试、运行至关重要，也有助于技术转化到工业、民用等小型化应用领域。

对于加速器大型科学装置，各设备间的协调需要专业的控制操作软件，因此需要开发基于 EPICS7 的控制系统。建议在近期开展组合型超导多极磁铁、高性能超导高频腔及其模组的研发。组合型超导多极磁铁是未来中国所有对撞机类型工程的必需技术，如 STCF、CEPC、BEPCⅡ涉及升能的改进项目（束流能量提升至 2.8 GeV）。我国目前还没有实现自主制造该类型的磁体。高性能超导高频腔及其模组研究技术可以应用在 CEPC、ILC 等未来各类大型超导加速器、工业和民用小型超导直线加速器中，目标是突破铌三锡等下一代射频超导关键技术，掌握未来先进超导加速器建造和应用的主动权。

大力加强先进束流物理软件的研发工作，束流物理软件是设计加速器的必需工具。目前，我国的加速器设计软件主要依赖国外先进实验室比较成熟的软件。该现状严重制约着我国加速器物理设计团队的创新能力，而且已经对下一代环形对撞机的物理设计和粒子跟踪模拟形成了明显限制。束流物理软件的开发也是未来在线运行调束软件的必需技术储备。

上述技术都面临着“卡脖子”问题，对其开展研究不仅能填补国内空白，也将在未来的国际竞争合作中为我国争取到主动地位。

最后，对大型科学装置高效数字化协同管理平台的研发，除了专业性、复杂性，未来粒子对撞机的工程规模也将远远超过现有设施，尤其当今国际上具有竞争力的几大未来对撞机，尺度均达到了几千米、几十千米乃至上百千米的量级。目前，与其规模和特点非常类似的工程项目有大型水利水电工程（如三峡水电站、白鹤滩水电站等）。然而，与水利水电工程相比，大型粒子加速器涉及更多的学科和领域，更细化的专业分类，以及有对设备部件更严格的指标要求。因此，与未来大型对撞机的高科技和先进性对应，对加速器对撞机的建造和运行更为高效、轻量、科学、协同化数字化管理平台的研究，也将是一个重要课题。目前，用于大型项目协同管理的平台多为国外软件，如美国 Bentley 公司以 Projectwise 软件为核心的服务方案。国内没有类似产品，而且在实际使用过程中，此类软件不能很好地满足大型科学工程所需要的多层次、多交叉的管理权限设置及大体量模型的轻量化、格式转换，以及从百千米级尺度到毫米级尺度的多精度、多层次的跨尺度轻量化，以及轻量化过程中所需的精度要求等技术需求。因此，通过协同管理平台的研发，建立一套大型科学工程中各系统、各国内外合作单位乃至生产厂商的协同、非接触式的协同工作机制和管理方案，可以打破空间和地域的限制，高效地把控项目整体进展，实现项目进展信息的有效传递，完整保存各阶段的研究成果。最后，通过大型对撞机的示范性管理实践，该平台向社会其他领域的工程推广，成果反哺社会工程项目管理，产生溢出效应。

二、探测器技术

为了满足 CEPC 和 STCF 实验的物理研究需求，需要设计和建造由多种粒子探测器组合而成的大型综合性粒子探测谱仪，对正负电子对撞后产生的喷注或单个末态粒子（质子、π、K、电子、缪子和光子等）的飞行径迹、时间、动量、能量、电荷等进行高精度的探测和种类鉴别。粒子物理实验要求探测谱仪有尽可能大的立体角覆盖度，对带电粒子有高的探测效率、精确的动量分辨率和鉴别能力，对光子有高的探测效率及精确的能量、位置与时间分辨率等。相对于当前的实验，CEPC 和 STCF 的探测谱仪都面临着更大的动态范围、更高的辐射本底、更高密度的数据、更高的计数率及有效事例率等极端性能的挑战。因此，未来的探测器设计和建造将采用当前国际上最先进的技术方案，并针对具体的物理目标开展优化，满足不同物理研究需求。

（一）CEPC 探测谱仪

CEPC 实验将精确测量希格斯玻色子的性质，预期能把多个关键参数的测量精度提高 1 个数量级以上。因此，CEPC 探测谱仪需要超高位置精度的顶点探测器来识别希格斯玻色子的底（粲）夸克对衰变模式中的次级衰变顶点；需要高精度径迹探测器来精确测量由希格斯玻色子衰变的带电粒子动量；需要高颗粒度与高能量分辨率的电磁量能器和强子量能器来精确测量希格斯玻色子衰变的中性粒子与喷注的能量。另外，CEPC 实验的 Z pole 运行模式将精确测量电弱物理基本参数，如 Z 玻色子的质量、电弱相互作用混合角等，同时开展味物理的精确研究。因此，CEPC 探测器需要研制大动量范围的粒子鉴别器。由于 CEPC 实验的对撞亮度比欧洲核子研究组织上一代的正负电子对撞机 LEP 提高了约 1 万倍以上，因此 CEPC 探测器面临更高辐射本底、更高密度数据和更高有效事例率的挑战。

CEPC 探测谱仪由内到外包括顶点探测器、径迹探测器、飞行时间探测器、电磁量能器、强子量能器、磁铁系统及缪子探测器，目前有四个不同的概念设计方案：基于时间投影室与高颗粒度量能器的类 ILD 的概念设计、基于全硅径迹探测器（full-silicon）的概念设计、基于漂移室与双读出（dual-readout）量能器的 IDEA 概念设计，以及基于漂移室与四维晶体量能器的概念设计。尽管四个不同探测谱仪的概念设计方案在某些探测器的技术选项方面有区别，但是在整个谱仪的结构和探测器的功能及相关的物理参数需求等方面基本相同。图 3-15 显示了 CEPC 实验基于漂移室与四维晶体量能器的概念设计。

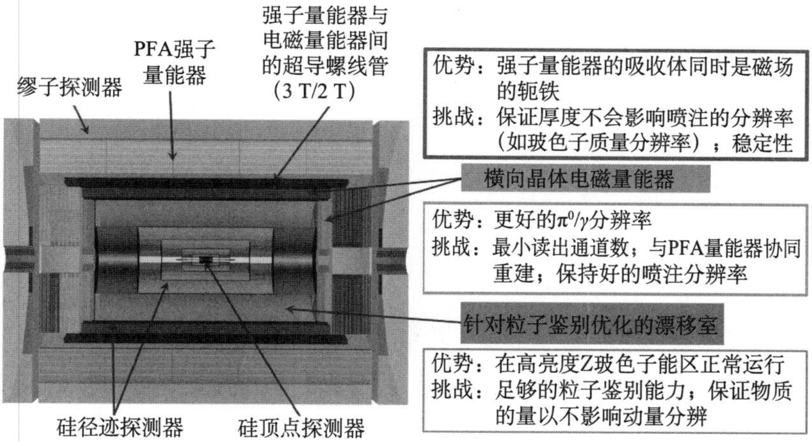

图 3-15 CEPC 探测谱仪的概念设计图

下面讨论 CEPC 探测谱仪中各探测子系统的性能指标与研发方向。

1. 顶点探测器

CEPC 探测谱议的内层硅径迹探测器（也称顶点探测器）是未来研究的重点之一。内层硅径迹探测器需要提供超高的空间分辨率（3～5 μm）来精确重建对撞顶点和重味夸克的衰变顶点，从而能够精确测量希格斯玻色子到底（粲）夸克对衰变道的性质。此外，由于靠近束流，内层硅径迹探测器必须能够承受超强的电离辐照（每年大于2.5 mrad），以确保在高亮度对撞环境中稳定工作。同时，为了提升对带电粒子的动量测量精度，内层硅径迹探测器必须足够轻薄以降低多次散射效应。因此，研发高空间分辨率、耐辐照、低物质量的硅探测器技术是CEPC谱仪建造的关键之一。

2. 径迹探测器

CEPC实验在希格斯衰变到ττ与μμ末态和味物理的研究中，要求精确测量带电粒子的动量，提升共振态质量的测量精度。目前，高精度径迹探测器有诸多技术方案，包括基于高压互补金属氧化物半导体（complementary metal oxide semiconductor，CMOS）图像传感器技术的硅微条探测器方案及时间投影室和漂移室等气体探测器方案。

3. 电磁量能器

CEPC实验的电弱物理、味物理与希格斯物理（$H \to \gamma\gamma$）需要精确地测量光子与电子的能量，要求电磁量能器有超高的能量分辨率，其能量分辨率（σ/E）要好于$3\%/E \oplus 1\%$。发展高能量分辨率的电磁量能器有多种技术方案，如四维晶体电磁量能器、双读出的晶体量能器等。

4. 强子量能器

为了精确测量希格斯玻色子与W/Z玻色子的性质，CEPC探测谱仪要求对能量在1～100 GeV喷注的能量测量分辨率达到4%，对量能器的设计和建造提出了巨大挑战。基于该要求，一个可行的方案是采用粒子流方案的强子量能器（PFA calorimeter）。与传统的强子量能器相比，粒子流的强子量能器设计方案具有较高的颗粒度，可以精确测量喷注的内部结构，在对入射粒子能量和位置进行测量的同时，也精确测量喷注簇射的横向展开和纵向发展信息。发展高粒度强子量能器有诸多技术方案，与前端的高粒度电磁量能器配合，可以选择闪烁体-硅光电倍增管（silicon photomultiplier，SiPM）量能器、硅钨电磁量能器、阻性板强子量能器等。

5. 粒子鉴别探测器系统

CEPC 实验的味物理研究要求探测器能够在很大的动量范围内以 3σ 以上的粒子鉴别能力区分 K 介子与 π 介子。CEPC 粒子鉴别系统的基准方案结合了原初电离计数方法（d*N*/d*x*）和基于低增益雪崩探测器（low-gain avalanche detector，LGAD）技术。与传统的电离能损测量不同，原初电离计数方法通过测量原初电离团簇个数，避免了传统的截断平均法损失部分测量信息的缺点，可以有效提升电离能损的测量分辨率，有望将精度提升到 3% 以内。原初电离计数方法需要研发新型漂移室和相应的电子学系统，开展多个信号的去堆积研究。低增益雪崩探测器通过在传统的 PN 结下注入高浓度的 P 型掺杂，实现可控的内部增益，有效地提高探测器的信号幅度和上升时间沿，具有非常好的时间分辨率。另外，低增益雪崩探测器还具有很强的耐辐照性能。基于低增益雪崩探测器的大面积硅基飞行时间探测器具有响应快、耐辐照的特点，预期对末态粒子飞行时间的测量精度达到 30 ps。CEPC 的粒子鉴别探测器系统结合了高精度的电离能损测量和高精度飞行时间测量，具有很好的粒子鉴别能力，能够达到实验需求。此外，全硅探测器概念设计方案提出另外一种由环像型切连科夫探测器（Ring Imaging Cherenkov Detector，RICH）与飞行时间探测器组成的粒子鉴别系统方案，也能够在很大的动量范围内提供优异的粒子鉴别能力。

6. 磁铁系统

CEPC 探测谱仪的磁铁系统为径迹探测器测量带电粒子的径迹提供偏转磁场。由于质心能量不同，CEPC 实验在希格斯玻色子研究和 Z 玻色子研究中产生的末态带电粒子的动量谱有所区别。因此，为优化带电粒子的动量分辨率和探测效率，CEPC 探测谱仪在希格斯工厂运行模式和 Z 工厂运行模式中的磁场强度分别是 3 T 和 2 T。CEPC 探测谱仪的磁铁系统有两个方案。第一个方案采用低温超导技术，位于强子量能器与桶部轭铁之间。该方案的技术比较成熟，缺点是磁铁系统置于强子量能器之外，磁铁系统需要较大的体积，造价高。第二个方案采用高温超导技术，磁铁系统置于电磁量能器与强子能量器之间。该方案的磁铁系统相对较小，造价低。但由于磁铁系统位于强子量能器里面，磁铁的物质量会影响到强子量能器的性能，为此需要研发低物质量的高温超导磁铁技术。

7. 缪子探测器

CEPC 实验主要通过粒子流算法，结合径迹探测器与量能器的信息实现缪子鉴别。CEPC 探测谱仪的缪子探测器可以大幅度改善重味夸克喷注衰变的缪子的探测效率。另外，缪子探测器也会显著提升探测谱仪对长寿命粒子相关新物理的探测灵敏度。CEPC 的缪子探测器有多种方案，包括阻性板探测器方案、基于新型的井型微结构气体探测器（μ-RWELL）方案等。

8. 触发与数据获取系统

CEPC 实验在希格斯工厂和 Z 工厂运行模式下，对撞频率分别约为 1 MHz 和 40 MHz，远高于 CERN 的上一代大型正负电子对撞机 LEP，与当前正在运行的大型强子对撞机 LHC 相当。

CEPC 的物理研究要求高效率的触发与数据获取系统。按照当前设计，CEPC 探测谱仪有数十亿个读出通道，比 LHC 上的实验要高约一个量级。因此，CEPC 的触发与数据获取系统需要研发新的架构，以实现更高的事例率、更多的读出通道数和更高的数据率。

（二）STCF 探测谱仪

STCF 实验将运行在陶粲能区（质心能量为 2～7GeV），开展强子物理和味物理高精度测量及超越标准模型的新物理探索。STCF 实验要求探测谱仪有尽可能大的立体覆盖角；对带电粒子有高的探测效率、动量分辨率和时间分辨率；对光子有高的探测效率及能量、位置和时间分辨率。相对于 CEPC 实验，STCF 实验产生的末态粒子的动量相对较低，优化电磁量能器以内的各探测器的物质量、克服末态粒子在探测谱仪中多次散射的影响是 STCF 探测谱仪设计的关键之一。另外，由于对撞亮度大幅度提升，提高内层探测器的耐辐照性能也是探测谱仪设计的重点。相对于目前在同能区运行的探测谱仪（即 BESⅢ），STCF 探测谱仪的设计面临更大动量范围及更高辐射本底、数据密度、计数率和有效事例率的挑战。因此，STCF 探测谱仪的设计和建造将采用当前最先进的技术方案，针对具体物理目标进行优化，预期性能需要很好地满足物理需求。

STCF 探测谱仪的概念设计如图 3-16 所示。与其他同类型实验的探测谱仪类似，STCF 探测谱仪由内到外包括内径迹探测器、外径迹探测器、粒子鉴别器、电磁量能器、超导磁铁和缪子探测器等。整个谱仪长约 7 m，高约 6 m，重约 700 t。

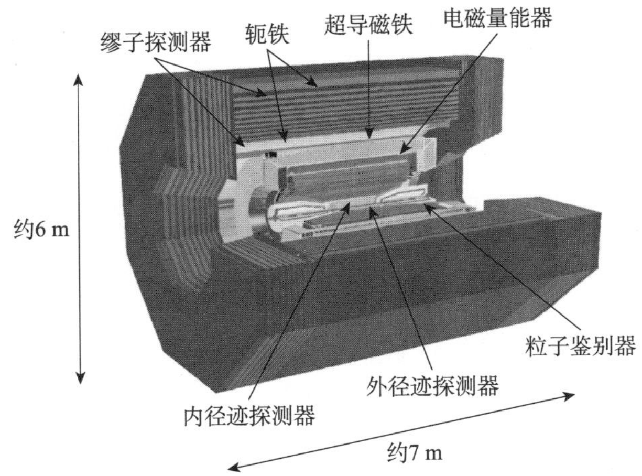

图 3-16　STCF 探测谱仪概念设计图

下面介绍 STCF 探测谱仪中各探测性能指标的物理要求与研发方向。

1. 内径迹探测器

STCF 探测谱仪内径迹探测器紧贴束流管，位于探测谱仪的最内层。内径迹探测器配合中心径迹探测器开展带电粒子的径迹和动量的精确测量，大幅度提升事例顶点的测量精度和低动量带电径迹的探测效率。内径迹探测器靠近对撞区域，所处环境的辐照水平非常高，必须具有很强的耐辐照能力和计数性能。STCF 探测谱仪的内径迹探测器的基准方案是由三层同心的圆柱形的称为 μRWELL 的新型井形微结构气体探测器组成，要求单层的位置分辨率为 100 μm。μRWELL 微结构气体探测器采用条形读出电极实现位置的精确测量，具有结构简单紧凑、易于制成圆柱形等优势，并且能够通过阻性设计进一步降低其物质量，满足内径迹探测器的性能要求。另外，基于全耗尽型的 CMOS 集成式硅像素探测器为备选方案。CMOS 硅像素探测器具有高位置分辨率、低功耗、低物质量等优势。利用成熟的 CMOS 工艺能够降低造价，但全耗尽型的 CMOS 具有更强的耐辐照能力，其良好的顶点重建性能和低动量区间的探测效率可以进一步提升 STCF 的物理潜力。

2. 外径迹探测器

STCF 探测谱仪的外径迹探测器包围在内径迹探测器之外，是一个大型圆柱形的精密漂移室，高精度测量带电粒子运动轨迹和动量，同时测量带电粒子的电离能量损失，用于低动量带电粒子的类型鉴别。漂移室内充满了气体，并沿轴向布置了精密的金属丝，形成了大量漂移单元。通过测量带电粒子在单元内电离产生的电子的漂移时间，获得相应的漂移距离，结合阳极丝的位置就可以测量带电粒子径迹的位置。STCF 实验要求带电粒子的动量分辨率在 1 GeV 处为 0.5%，电离能损的分辨率小于 6%。为了降低多次散射，提高动量分辨率，优化探测器的物质量是漂移室设计的关键。为了提高计数性能，漂移室将采用类正方形小单元结构，缩短漂移时间。STCF 探测谱仪的漂移室共有 48 个丝层，单丝位置分辨率为 120 μm，选用低质量的氦基混合气作为工作气体，内筒和外筒均采用碳素纤维。

3. 粒子鉴别器

STCF 探测谱仪的粒子鉴别器紧靠漂移室的外界面，在探测器接收度范围紧密包裹漂移室，用于进行质子、π 介子和 K 介子三类带电强子及轻子的粒子鉴别。STCF 实验的物理目标是要求探测谱仪在高达 2 GeV/c 的动量范围以 3 倍标准偏差以上的鉴别能力区分 K 介子和 π 介子。为满足这一要求，STCF 探测谱仪采用基于切连科夫辐射的粒子鉴别器技术实现高动量范围的粒子鉴别。而在低动量范围，通过漂移室测量的能量损失 dE/dx 可以实现粒子鉴别。STCF 探测谱仪的粒子鉴别器分为桶部和端盖两个部分。桶部采用基于液态全氟己烷 C_6F_{14} 辐射体的 RICH 探测器，通过精确测量光环的位置，结合径迹探测器测量的径迹和动量，实现粒子鉴别。端盖采用基于高纯石英板作辐射体的 DIRC 探测器，通过精确测量辐射光经过多次全反射后最终到达探测器边缘的时间和位置，结合径迹探测器测量的径迹和动量，实现粒子鉴别。

4. 电磁量能器

STCF 探测谱仪的电磁量能器包含一个桶部和两个端盖部分，位于粒子鉴别器之外，主要功能是精确测量光子的能量和位置。STCF 实验要求光子在 1 GeV 能量处的能量分辨率好于 2.5%，位置分辨率好于 6 mm 水平。为了满足物理需求，结合超高辐照本底的实验条件，STCF 电磁量能器采用全吸收型量能器的技术方案，以发光快速的纯碘化铯晶体为发光媒介，耦合大面积雪崩光电二极管（avalanche photodiode，APD）为灵敏探测读出单元。此外，为了区分中性粒子（光子、中性 K 介子和中子等）及本底，电磁量能器同时需要开展高精度的时间测量，要求分辨率在 300 ps 水平。

5. 超导磁铁

STCF 的磁铁采用了低温超导方案，为探测器提供强度为 1 T 的均匀轴向磁场。超导磁铁由超导线圈和轭铁两个部分组成。超导线圈负责产生磁场，轭铁则为磁场提供磁回路，需要有好的导磁性能。同时，轭铁还是整个探测谱仪的支撑结构和缪子探测器的吸收体，要求具有很好的强度。

6. 缪子探测器

STCF 探测谱仪的缪子探测器位于最外层，安装在轭铁之间的间隙内。缪子有很强的穿透力，可以容易地穿透轭铁，或者在轭铁内穿行足够长的距离。因此，在各层轭铁之间的间隙内安装对缪子敏感的探测器可以实现缪子鉴别。STCF 实验要求缪子探测器对横向动量大于 0.8 GeV/c 缪子的探测效率高于 95%，对 π 粒子本底的排除能力高于 97%，计数率高于 1 kHz/cm^2。为此，STCF 缪子探测器采用电木阻性板和塑闪两种探测器组合的设计方案，内部 3 层采用对中性粒子不敏感的阻性板探测器，而外部 7 层则采用塑闪条探测器。这个设计方案既能有效降低辐射本底及对缪子探测器的影响，又能有效提高缪子探测器对中性强子（如中子等）的探测灵敏度。

（三）关键技术预研

针对 CEPC 和 STCF 探测谱仪的物理需求与初步设计方案，结合国际在高能物理实验领域探测器前沿的发展趋势和我国的现状，有若干项重要的探测器关键技术亟待开展预研，拟优先发展以下几个关键技术。

1. 高空间分辨率、耐辐照的硅探测器技术

具有高空间分辨率、耐辐照性能的硅像素、硅微条探测器在粒子物理实验中应用的越来越广泛，是当今探测领域最前沿的技术，在 LHC 实验的顶点和径迹探测器中有大规模应用，并将在下一代的对撞机实验中发挥关键作用。CERN 在欧洲粒子战略规划中把该技术作为未来最关键的技术。当前，国际上硅探测器的发展趋势是进一步提高空间分辨率和抗强辐照能力，降低物质量和功耗。基于 CMOS 图像传感器技术的硅像素探测器将探测器的灵敏区域和读出电子学集成于相同的硅基衬底（MAPS）。因此，该新技术除了具有传统混合式硅像素探测器快速响应、耐辐照等优点，还能够提高分辨率、显著降低物质量，特别适合带电粒子径迹的

探测。得益于半导体工艺的持续发展，新型 CMOS 硅像素探测器在过去几年得到快速发展，性能不断提高。例如，全耗尽型的高压或高阻 CMOS 硅像素探测器能增强耐辐照能力，大面阵拼接技术能进一步减小物质量和功耗。新型硅探测器将应用于 Mu3e、LHCb 等实验的径迹探测器，也是未来对撞机实验大面积高精度径迹探测系统的重要候选技术。

未来硅探测器发展的另一个方向是将高空间分辨率与高时间分辨率相结合，实现空间-时间四维径迹探测。近年发展的低增益雪崩探测器可以达到好于 30 ps 的时间分辨率。基于低增益雪崩探测器的交流耦合读出的硅像素探测器，是实现四维径迹探测器的重要候选技术。

受相关工业基础、材料及工艺等制约，硅探测器的研制在我国起步较晚，与国际先进水平有较大差距。近十年来，中国科学院高能物理研究所、中国科学技术大学、山东大学、华中师范大学等单位投入大量人力和经费建设硅探测器研发实验室，已初具规模。团队与国际领先的研究机构紧密合作，通过承担部分 LHC 硅探测器升级研制任务和开展未来我国基于加速器的粒子物理实验的关键技术预研，学习和掌握相关的设计、制作与性能测试等，培养一批富有创新能力的硅探测器技术研发人才。未来将重点发展基于 CMOS 图像传感器技术的高时间分辨率、高位置分辨率的硅像素探测器，探索国产工艺可行性，验证大面积传感器关键技术，持续提升探测器性能，完成高复杂程度样机的系统验证。

2. 微结构气体探测器技术

从高能物理实验发展及相关应用领域的需求来看，微结构气体探测器（micro-pattern gaseous detector，MPGD）具有高计数性能、高位置和能量分辨率、好的时间分辨率、耐辐照、离子和光子反馈小、易大面积制作等优点，代表了当前气体探测器发展的主流和前沿，在很多领域有广泛应用。

在未来基于加速器的粒子物理实验中，基于 THGEM、Micromegas 的 RICH 探测器及采用新型材料的极低物质量的微结构气体探测器径迹探测器等都被作为重要的技术方案。为了满足未来国内外核与粒子物理实验的应用需求，优化和提升已有气体探测器的性能、提出具有更强竞争力的新型探测器结构是微结构气体探测器两条最重要的研究路线。

（1）探测器的优化提升方面。一方面，开发使用高性能材料来制作探测器的关键部件，以提升探测器特定方面的性能。例如，通过使用适当的涂层制备技术、光刻技术及化学刻蚀技术，可以将具有极低物质量的、强耐辐照能力的碳材料制备成微结构气体探测器中的电极，通过调整电极的电阻率及构建合适的电极结构可以实现很高的计数率和位置分辨率等，如在表面阻性镀膜［如类金刚石碳基薄膜（diamond like carbon，DLC）］降低材料面电阻率等研究电荷快速泄放方法。另一方面，通过优化探测器结构参数，不断改进探测器材料和加工制作（尤其是大面积制作）工艺，提高制作精度，以确保探测器工作的可靠性和稳定性。

（2）新型探测器结构方面。根据具体的应用需求并使用先进的探测器加工工艺，可以对气体探测器的某些结构进行更改，以弱化部分与具体应用需求关联较小的性能为代价来大幅度增强某些与需求密切相关的性能。例如，用于切连科夫光探测时，可以使用热熔胶压接工艺将传统的微网格探测器改造成多层丝网结构，这样虽然弱化了探测器的时间分辨率，却可以很好地抑制探测器内部的离子反馈，从而极大地提高探测器的抗老化能力；通过表面处理技术和薄膜沉积技术把传统微结构探测器的漂移转换区替换成带光阴极的切连科夫光辐射体，这样虽然弱化了探测器的位置分辨能力，但是用光电子取代了原先在漂移转换区产生的原初电子，可以大幅度提升微结构气体探测器的时间分辨能力等。

以上两个方面的研究都包含一个重要的特点，即需要将材料科学、表面处理、微纳加工、薄膜沉积等相关领域中的先进技术加以调整和转化，针对特定的应用需求与已有的气体探测器加工制造技术进行有机结合，最后开发出新型加工制造工艺，实现新结构的制备或者将新材料加工成探测器的特定部件，这也是当代气体探测技术研究与发展的趋势。气体探测器的研究需要将最先进的材料制备和加工方法融入现有技术中，形成规范、系统的加工制造能力。

国内在微结构气体探测器技术研究方面起步较早，中国科学院高能物理研究所、中国科学技术大学、中国科学院大学、中国原子能科学研究院、中国科学院近代物理研究所等多个科研单位在探测器制作与生产及新技术、新结构和新材料等方面开展了大量工作。经过多年的发展和积累，国内科研单位在微结构气体探测器技术研究和应用上取得了一定成绩，并在某些方面达到了国际领先水平。例如，国内掌握了大面积 GEM 探测器制作技术、厚 GEM 膜的制作技术和小型光刻蚀微网格气体探测器制作技术，开发了阻性热压接微网格气体探测器制作技术、高性能类金刚石碳（DLC）阻性电极及基于热压接和高性能类金刚石碳技术的多种新型探测器结构，探索了特殊基材的使用、GEM 膜的制作和特殊形状的探测器。与此同时，国内也在积极开展微结构气体探测器的应用研究，相关领域包括中子探测、核测量、辐射成像、X 射线偏振测量、时间投影室读出、光探测、低本底实验等。值得指出的是，国内已经开始承担基于微结构气体探测器的工程任务，包括 CMS 实验的 GEM 探测器升级、BESⅢ实验的圆柱形 GEM 探测器升级及中国散裂中子源的中子谱仪研制等。

以微结构气体探测器为代表的先进气体探测器，无论是在基于大科学装置的基础和应用研究中，还是在核医学、核能、国土安全与国防建设、无损检测和剂量学等领域，都有极大的应用需求和潜力。在这一背景下，由中国科学技术大学和中国科学院高能物理研究所共同主持的核探测与核电子学国家重点实验室自 2011 年开始每年举办一次全国先进气体探测器研讨会，为国内从事气体探测器研究的单位和个人提供一个全面交流与讨论的平台，并共同探讨国内气体探测器的发展方向和战略。为了更好地促进国内气体探测器的发展，国内相关研究单位经过深入讨论和酝酿后，在 2017 年 11 月召开的第七届全国先进气体探测器研讨会期间，依托核探测与核电子学国家实验室成立了全国先进气体探测器合作组。这一合作组的宗旨为推动先进气体探测器及其读出电子学技术持续发展，推动相关技术在基础和其他领域中的应用，促进先进气体探测器领域的国际合作与交流。合作组的目标是实现国内先进气体探测器技术整体研发和应用水平的不断提高，协同突破关键技术，早日跨入该领域世界前列。

3. 光电探测技术

光电探测一直是高能物理实验的常用技术，并且广泛应用于不同的领域。根据技术途径，光电探测器件可以分为真空型、半导体型和气体型三种类型。当前，粒子物理实验的探测器设计和开发对光电探测器件提出了更严格要求（更大的有效探测面积、更高的时间和位置分辨率、更强的耐辐照性能、更高的光电转换量子效率等），对相关的关键技术形成严峻挑战。它的关键技术和特点如下。

（1）MCP-PMT。在未来粒子物理实验的基于DIRC技术的粒子鉴别探测器（如PANDA-DIRC、LHCb-TORCH）中，实现超高精度的单光子时间测量是关键。该需求对超快位敏型光电倍增管的研发提出了极高的要求，如本征单光子分辨率在50 ps水平等。目前能够实现此需求的光电器件只有微通道板型光电倍增管（MCP-PMT），主要产品被国外公司垄断。MCP-PMT的关键技术主要包括高时间分辨率探测器的理论问题，平面近贴紧凑型高性能MCP-PMT的制备方法和超快速读出电路设计，以及具备毫米–微米级位置分辨率的位敏型多阳极MCP-PMT的制备方法等。

（2）SiPM。半导体灵敏光电器件是下一代基于加速器的粒子物理实验量能器的关键器件，包括SiPM、光电二极管（photoelectric diode，PD）、雪崩光电二极管等。该类光电器件的优点有体积紧凑、性能稳定、可批量大规模生产且价格低廉、光子灵敏波长段较广、所需工作电压较低（10 V量级）、不受强磁场影响等，缺点是暗噪声/暗电流、光学串扰、后脉冲等。目前在设计和生产工艺等多个环节，随着技术的发展和迭代，这些缺点均有显著改善。当前的主要技术难点是如何提升有效探测面积、提升其耐辐照特性、研发对紫外波段的高探测效率器件。

（3）GPM。利用微结构气体探测器进行切连科夫光电探测已经在COMPASS实验中采用，也是未来大面积RICH的首选技术，具有光子效率高、空间分辨率好、计数率高、易大面积制作等特点。当前，GPM的研发面临诸多技术困难，主要包括新型耐用紫外光及可见光光阴极的制备、气体光电器件封装和低放气技术、离子反馈抑制技术、大面积GPMT制造和稳定性均匀性问题。

目前，国际上MCP-PMT和SiPM的产品与技术大多被掌握在Hamamatsu、Photonis等公司手中。国内在MCP-PMT和SiPM

研制方面成功地完成了具有自主知识产权的多种产品。例如，在JUNO项目的推动下，北方夜视技术股份有限公司、中国科学院西安光学精密机械研究所等多个科研机构和企业成功地研制了性能先进的20 in MCP-PMT；北京师范大学新器件实验室开发了实用的大动量范围SiPM产品。但是，总体而言，国内光电器件的研发和生产仍需进一步加强，包括加速扩展MCP-PMT和SiPM型号、提升国产光电器件的性能（主要是定时、定位测量性能和低噪声、抗辐射、抗老化能力等）。目前国际上尚无GPM成熟产品，国内外在技术发展方面处于相当水平，是实现“弯道超车”的良好时机，因此非常需要全面布局，争取技术突破和实现国际引领。

4. 基于晶体的全吸收型电磁量能器

基于无机闪烁晶体的全吸收型电磁量能器可以提供优异的能量分辨率，不断推进光子和电子的高精度测量，在当代粒子物理实验装置上有重要地位。未来粒子物理实验的巨大挑战是其高亮度带来的超高辐射本底和计数率水平，使得电磁量能器晶体单元的计数率高达兆赫兹水平，运行10年总的辐照剂量将达到百戈瑞（Gy）水平。为此，未来的电磁量能器必须具备很强的耐辐照能力和很高的计数率水平。另外，为了抑制本底并实现对伽马射线和中性强子的粒子鉴别，未来的电磁量能器需要有高的时间分辨率，为百皮秒水平。

量能器的高性能指标与闪烁晶体、光电器件和读出电子学的整体性能息息相关。极高的辐射本底和计数率环境对闪烁晶体的发光衰减时间性能、读出光电器件和电子学的快信号响应、堆积效应抑制能力提出了新的要求，需要进一步提升。需要对闪烁晶体、光收集系统、光电探测器和读出电子学等开展系统性研究与优化。

近年来，国际上耐辐照、快发光闪烁晶体的研究已经取得一定进展。纯碘化铯被选为BelleⅡ实验前向区电磁量能器的基本材料，也是未来高亮度实验探测谱仪量能器的主要候选晶体之一。此外，中国科学院上海硅酸盐研究所、北京玻璃研究院有限公司及俄罗斯的厂商等在掺钇氟化钡（BaF：Y）、钆铝镓石榴石（GAGG）等新型无机晶体的研究中取得了很好进展。这些晶体的重要特征是荧光衰减时间都达到几十纳秒或更短，为开展下一代高亮度加速器物理实验提供了重要候选材料。但是，由于纯碘化铯和掺杂氟化钡晶体的发光集中在紫外波段，其光学收集和转换需要优化设计和研究，因此钆铝镓石榴石大尺寸制作能力还需要进一步完善。

新一代半导体光电器件在很多方面正逐步取代昂贵的传统光电倍增管。电磁量能器的光电读出器件和电子学一般位于晶体背后，但在谱仪端盖区域仍承受很高的辐射剂量，因此需要发展耐辐照、快响应、大动量范围的光敏半导体器件及相应的读出电子学。一方面，需要针对耐辐照、快时间响应光电器件进行攻关，继续推进新型国产SiPM等器件的研制，针对不同晶体优化SiPM灵敏尺寸，降低暗噪声及漏电流、光学串扰，优化增益、光子探测效率；另一方面，针对晶体发光特性，光电二极管或雪崩光电二极管等光灵敏器件需要开发短波长（＜300 nm）灵敏的新型产品。另外，针对高精度、低功耗、大动量范围的前端电子学芯片开展研发，实现在超高计数率的环境下同时兼顾高能量精度和高时间分辨率测量，并重点研究高计数率引起的信号堆积效应，以降低对能量分辨率的影响；耐辐照性能是SiPM、光电二极管、雪崩光电二极管相关读出电子学共同面临的技术挑战（详见本章第三节）。

SuperKEKB和STCF等高亮度实验的极高束流本底和物理本

底会对探测器的信号造成干扰，特别是全吸收型量能器。晶体单元的颗粒度较大，信号与本底无法在空间上有效“分离”，对中性粒子的能量测量造成影响。因此，事例堆积抑制方法的研究刻不容缓，有两个主要研究方向：一是借助量能器“硬件”设计进行抑制，包括采用更快的闪烁晶体和光电器件、本底事例的物理屏蔽、事例到达量能器的时间关联性等；二是通过在线或离线数据处理的“软件”方法进行堆积本底抑制，如 CMS 实验中采用多波形拟合方法进行本底抑制，并取得一定效果，需要在电子学设计和堆积排除算法上开展联合研究。

随着研究的需求，高时间分辨率是未来量能器的重要参数指标。精确的时间测量有利于本底抑制，并对一些中性粒子的鉴别和测量有积极作用。快晶体和快响应光电器件研发并配合波形拟合读出技术，为量能器实现时间精确测量提供了可行途径。例如，BelleⅡ实验实现了亚纳秒水平的时间分辨率，显著改善了粒子测量信息。下一代高亮度加速器物理实验要求量能器的时间分辨率达到百皮秒水平，需要开展晶体、光电器件及读出电子学设计联合攻关。

5. 高颗粒度量能器

未来高能量前沿探测谱仪的研制需要发展高粒度量能器，有诸多可能的技术方案，如硅-钨电磁量能器技术、全新四维晶体电磁量能器技术、闪烁体-SiPM 强子量能器技术及基于阻性板室的半数字型强子量能器（SDHCAL）技术。

1）硅-钨电磁量能器技术

硅-钨电磁量能器是利用大面积硅像素传感器作为灵敏层、用钨铜合金作为吸收层的取样型量能器。它的关键技术是大面积硅像素传感器及高集成化读出芯片的研制，技术门槛高且国内起步较晚。因此，前期应合作参与 LHC 实验中硅量能器的研制，学习硅量能器建造工艺；针对降低硅量能器的造价、集成工艺等难点问题开展研发，在掌握硅量能器建造工艺的基础上发展适合中国未来粒子物理实验的硅量能器方案。目前，国内有单位参与 HL-LHC 的 CMS 实验的端盖量能器升级项目（HGCAL），通过国际合作系统性掌握大面积硅模块的组装工艺，研究耐辐照电子学芯片性能，同时研制与大批量质量控制相关的测试平台。针对关键技术的发展思路是，凝聚国内硅像素传感器研究团队及相关企业，发展具备低漏电流的大面积硅像素传感器；基于已有的硅像素前端电子学芯片研发经验，开展针对硅量能器的低功耗电子学芯片预研。

2）全新四维晶体电磁量能器技术

在已知的所有高粒度量能器方案中，本征的能量分辨率均极大地受限于其取样型量能器结构，而基于闪烁晶体的四维量能器作为全新方案，拟利用在三维空间中密集排布晶体阵列作为探测介质及利用结构小巧、紧凑的 SiPM 作为读出单元，对粒子簇射能量在三维方向和时间维度上进行精确测量。这类电磁能量器具备了对低能光子的高灵敏度，将大幅度提高量能器性能，包括能量分辨率、位置分辨率与粒子鉴别能力等。关键技术包括：① 围绕晶体量能器设计，开发完整的模拟、重建和刻度算法，在定义的总体边界条件（总体造价、功耗等）下实现其最优的能量分辨率和三维位置分辨率，研究其时间分辨率等性能，进一步提高粒子鉴别能力；②开展晶体量能器小型样机的研制和束流测试，研究晶体量能器的实际性能，在三维空间和时间维度上精确测量粒子簇射，与其模拟做出比较，验证并完善软件算法；③调研轻质、高机械强度材料的应用（特别是新型合成材料），用于晶体量能器的机械支撑结构和主动冷却系统，量能器系统的设计需要兼顾可延展性，即为最终探测器的安装做出模块化设计。

3）闪烁体-SiPM 强子量能器技术

利用不同吸收体材料和不同几何的塑料闪烁体，该技术可以实现高粒度电磁量能器和强子量能器。关键技术包括：① SiPM 及其读出电子学芯片，此相关部分与晶体量能器相关部分的关键技术相同；②塑料闪烁体大规模生产的注塑工艺和耐辐照性能；③通过建造样机，系统掌握与高粒度量能器的模块设计、质量控制、系统集成和调试相关的技术；④利用高粒度量能器样机的束流实验，发展重建算法，完善强子簇射的相互作用模型，随后研究不同技术方案的电磁/强子量能器的联合束流测试，完善粒子流算法；⑤主动冷却系统，考虑到高粒度量能器的高度集成化和有限空间，需要研究有效且紧凑的冷却系统，实现精准的温度控制和检测，同时研究其对耐辐照性能的潜力。

4）基于阻性板室的半数字型强子量能器技术

基于阻性板室的半数字型强子量能器用大面积阻性板室作为灵敏层，用不锈钢作为吸收体。关键技术包括：①设计五维（三维空间、能量和时间）强子量能器，拟采用超高时间分辨率的多气隙阻性板室（MRPC）作为灵敏层，时间分辨率达到 30～50 ps，有助于更好地区分中性强子和带电强子，进一步提高强子能量分辨率；②研究时间分辨率更高的读出芯片性能（如 PETIROC2A 的时间分辨率约为 20ps），改进大面积 PCB 的性能和读出电子学系统；③研制大面积阻性板室（面积从 1 m² 增到 2～3 m²），减少死区面积；④提高粒子鉴别的效率和计数率，应对高事例率情况（如 Z 能区高亮度运行）。

6. 大动量范围的粒子鉴别探测器

大动量范围的粒子鉴别器是当代基于加速器的粒子物理实验的重大需求之一，切连科夫探测器能够覆盖很宽的动量范围，是当前粒子鉴别器的重要技术选项之一。当带电粒子在相应媒介中以超过光速的速度穿过时会产生微弱的辐射光；产生的辐射光与带电粒子飞行方向间的夹角（称为切连科夫角）与粒子飞行速度密切相关；通过精确重建切连科夫角，结合带电粒子的动量信息可以实现粒子鉴别。选择具有适当折射率的切连科夫辐射体，能够实现从几 GeV/*c* 到上百 GeV/*c* 动量带电粒子的鉴别。在粒子物理研究发展的驱动下，当代的粒子物理实验对切连科夫探测器提出了更高的要求。当前的切连科夫探测器在技术上可以分为两大方向——RICH 和 DIRC。

RICH 技术需要研究的关键技术问题包括辐射体、大面积气体位敏光电探测器、多阳极光电倍增管及新型 RICH 探测技术。为了鉴别不同动量段的粒子，需要采用不同折射率的辐射体。对于固体辐射体，需要实现大面积的超高精度表面加工；对于液体辐射体，则包括提纯、在线监测和纯化等一系列工艺要求；对于气体辐射体，主要涉及高气压气体及在线纯化等工艺研究。除了在已有基础上进行 RICH 等探测方法的研究，还需要探索新的切连科夫探测相关技术，如聚焦型气凝硅胶的研制、混合型多阳极光电倍增管的研发、新型半导体和超导纳米线等光电探测技术的应用等。

作为高计数率、紧凑型切连科夫探测器的代表性技术，DIRC 在新一代粒子物理实验领域具有很好的应用前景。DIRC 需要研究的关键问题包括：新的以我为主的 DIRC 技术发展思路；高性能辐射体材料和超高精度材料加工和表面处理能力，如表面粗糙度要求达到 0.5 nm 以下，即原子尺度；本征单光子时间分辨率为 50～100 ps 的高性能位敏型光电器件，需要承受高计数率、耐辐照的探测要求；高度集成、快响应、高时间分辨率、耐辐照的电子学；等等。DIRC 探测技术发展目标包括：新型 DIRC 技术思路，高颗粒度、高计数率、高时间分辨率的光电读出单元，高度集成、快响应、高时间分辨率、抗辐射的电子学。

总体而言，我国的切连科夫探测器相关技术研究起步较晚，目前尚无在运行的切连科夫探测器，许多关键技术也缺乏研究和积累。例如，我国还不具备多阳极光电倍增管的生产制造能力；国产光学产品的性能（如紫外光透射率）与国际领先水平（如德国贺利氏、美国康宁）还有一定差距，难以满足未来高性能光学材料的需求，亟待开展相关研究的战略部署等。切连科夫探测器的研究应综合光电探测技术和电子学技术的发展同步开展。

7. 大型气体探测器

三代北京谱仪上的大型主漂移室的研制为我国大型气体探测器发展了核心技术、培养了一批优秀人才，为下一代对撞机实验的先进气体探测器的研发和建造奠定了坚实基础。

长期以来，漂移室是对撞机实验中极为重要的径迹探测器。高精度前沿和高能量前沿上的正负电子对撞机实验均对大型漂移室有重大需求。例如，未来 STCF 实验将采用漂移室作为中心径迹探测器，未来 CEPC 实验也将漂移室列为中心径迹探测器的重要技术选项。在这些实验中，高精度前沿实验对漂移室的一项关键要求是尽量降低物质量，从而尽可能减小多次散射对探测低动量粒子的影响。高能量前沿实验则要求漂移室具有超大的灵敏体积，从而保证对高动量带电粒子的动量测量精度，同时也有低质量要求，只是程度较前类实验弱。此外，这些前沿实验还要求漂移室有大的接收度、高的径迹重建效率和动量分辨率。下一代正负电子对撞机实验的辐照本底水平比现有实验将大幅度升高，因此用于这些实验的漂移室还必须具有较高的计数率和耐辐照能力。针对这些性能要求和挑战，未来应重点研究使用氦基混合气体、轻质电极丝和小单元结构的低质量漂移室，研究课题包括新型丝材料和室本体材料的开发和应用，单元结构、丝层配置和超大室体结构的设计与优化，超长距离布丝方法与技术，新型气密结构设计等。漂移室电极丝是室体内物质量的主要来源。长期以来，漂移室使用金属丝作为电极丝，因此应该寻找和研究能替代金属丝的轻质材料，从而加工制成可用于漂移室的低质量电极丝。这也是降低漂移室物质量的重要研究方向。最近有研究表明，在聚合物纤维和碳纤维表面镀上一层低密度金属膜后有望能实现极低质量的漂移室电极丝，这也代表了漂移室电极丝方面的潜在技术突破，值得大力深入研究。为了降低室本体的物质量，可以考虑将室体支撑结构和气密结构分开设计。前者只需要应对电极丝张力带来的支撑和变形问题，后者则只需要保证整体气密性，这样可以针对减小物质量进行最大限度的漂移室结构优化。除了径迹和动量测量，漂移室在未来正负电子对撞机实验中还通过测量带电粒子在气体中的电离效应来鉴别带电粒子。相比于电离能损，原初电离计数有更小的统计涨落，从而具有更好的粒子鉴别能力，因而电离团信号探测和分辨也是未来漂移室相关研究的重要方面。

时间投影室是大型气体径迹室中的另一个重要类型。高能量前沿上的正负电子对撞机（如 ILC 和 CEPC）实验均采用时间投影室作为中心径迹探测器的基准技术方案。这些下一代对撞机实验中的计数率水平比较高，探测器体积庞大，要求位置分辨率高。

这些条件和要求对时间投影室提出了很大挑战，因此需要开展高计数率和高精度的大型时间投影室的深入研究。国内在 CEPC 预研工作的推动下，已经在这方面开展了不少工作，包括正离子反馈抑制和基于激光的刻度与校准的研究。国内已经研制了小尺寸 CEPC- 时间投影室样机，在实验室条件下对复合结构读出的离子反馈抑制性能及时间投影室位置分辨性能进行了验证，同时还在开发先进的时间投影室读出专用集成电路芯片。未来，时间投影室的探测器研究的重点应在以下几个方面：正离子反馈抑制技术、基于激光的刻度与校准系统、高精度的电场变形修正算法。在正离子回流抑制方面，应该探索新型的微结构气体探测器结构，实现接近次级离子回流全抑制的水平。大型时间投影室要获得优良的位置分辨性能，离不开一套精确和完备的刻度与校准系统，为此要研究如何利用激光在大体积情况下进行精确的时间投影室刻度与校准及相关的技术。在高计数率条件下，时间投影室漂移区的电场很容易受到空间电荷的影响而产生畸变，从而影响电子漂移速度和路径，最终导致位置分辨率变差。因此，对于高计数率和高精度的时间投影室，针对这种电场变形必须要进行修正才可能满足位置分辨率要求，要基于模拟开发一套精细的修正算法，并在原型探测器上进行验证。时间投影室在传统上都采用长条读出，这样能在保证径迹偏转方向上的位置测量精度的前提下，尽可能降低读出通道数。但是，随着高度集成式读出技术的进步和突破，近年来也出现了时间投影室像素读出的概念，并有相关研发工作开展。像素读出有很多潜在的优势，包括通过电离计数测量改善粒子鉴别性能、改进前向径迹的测量精度、改进双径迹分辨性能、更高的计数性能等，因此像素读出时间投影室也应该是未来时间投影室研究需要关注的方向之一。最后，为大型时间投影室设计和制造一个低质量且刚性好的本体结构具有极大的挑战性。这一结构要求能长期在各个方向维持很好的精度和稳定度，端面板成为实现这一结构的关键。因此，时间投影室支撑结构特别是端面部分的设计和优化也是未来时间投影室研究中的重要课题。

除了主漂移室和时间投影室外，大型气体探测器还包含窄气隙阻性板室、多气隙阻性板室、窄条窄间隙室等。这类探测器探测效率高、时间分辨性能好、抗磁场、读出方式灵活、适合大面积应用，需要研究的核心问题主要包括：以我国为主的新型气体探测器的新原理、新结构、新材料、新工艺，如大面积气体探测器为了减少打火、运行稳定可靠对气隙的均匀性要求很高，对 100～250 μm 气隙，要求均匀度小于 15%，一致性好于 20% ；研制基于高性能类金刚石碳薄膜的各种阻性电极材料；研究提高气体增益，提高位置分辨率，降低阳离子反馈率的不同结构和工艺技术等。当前，国内团队（包括中国科学技术大学、山东大学、清华大学、北京大学、中国科学院大学、中国科学院高能物理研究所、中国科学院近代物理研究所等）在多气隙阻性板室、阻性板室、窄条窄间隙室等探测器的研制方面有较长历史并积累了丰富的经验，与国际同行处于“并跑”状态，部分研究方向处于“领跑”状态。例如，2000 年初，我国为美国布鲁克海文国家实验室 RHIC 的 STAR 实验的飞行时间探测器研制的多气隙阻性板室，时间分辨率好于 100 ps，经过 20 多年的研究创新，已经广泛应用于多个大型高能对撞机实验。STAR 安装高时间分辨率的飞行时间探测器后，发现了反氦核（反阿尔法）粒子，继而完成了 STAR-MTD 大面积多气隙阻性板室的研制建造、BESⅢ端盖飞行时间探测器升级用的多气隙阻性板室的研制建造，时间分辨率小于 70 ps，是目前世界上分辨率最好的多气隙阻性板室－飞行时间探测器系统。完成了德国 FAIR CBM 实验高计数率飞行时间探测器多气隙阻性板室的研制建造，正在承担 ATLAS PhaseⅡ升级阻性板室的研制。因此，研究大型气体探测器的新原理、新结构、新材料、新工艺是非常重要的，有广阔的应用前景。

8. 缪子探测器

缪子探测器在粒子物理实验中有广泛和重要的应用。上一代物理实验（如 Belle、BESⅢ等）通常采用基于阻性板室的缪子探测器设计。玻璃阻性板室探测器对光子、中子等中性粒子的敏感度低、信噪低，但其计数能力较差，已逐渐被电木阻性板室探测器替代。随着闪烁体加工制作技术的发展，基于“闪烁体条 + 波长位移光纤 +SiPM”的缪子探测器方案显示出探测效率高、结构简单可靠、易于生产和维护等诸多优势。这些优点适用于高精度和大面积的缪子探测器系统，已被 BelleⅡ实验采用，也是 ILC、CEPC、EIC 和 MATHUSLA 等未来实验优先考虑的方案。有机闪烁体的时间精度、光输出与收集能力都有较大提升空间，契合未来粒子探测器的发展趋势。然而，在未来高亮度粒子物理实验中，有机闪烁体对中性粒子的高敏感度将使其具有很高的本底计数，对低动量缪子鉴别形成巨大挑战。因此，结合电木阻性板室的高信噪比与闪烁体探测器的高探测效率特性，根据实验条件优化设计新型混合式缪子探测器、提升探测器整体性能水平是必由之路。未来 5～10 年，我国需要发展与缪子探测器相关的关键技术，包括：①混合式缪子探测器的整体布局及优化；②性能稳定的大面积（单块有效探测面积 2～3 m^2）电木阻性板室的研制与大规模生产；③适合大规模生产的高性能闪烁体；④波长位移光纤；⑤性能优越的 SiPM。目前，波长位移光纤在国内仍属空白，国产 SiPM 的性能仍有待提高；研究性能稳定的大面积电木阻性板室也能够促进其在其他领域的进一步应用。因此，研究基于电木阻性板室与闪烁体的新型混合式缪子探测器具有重要意义和广阔应用前景。

9. 加速器与探测器接口

未来的对撞机装置（如加速器）与探测器接口的研究特别是对撞区的优化设计极为关键，将直接关系到加速器与探测器的顺利运行，直至达到最优性能。其中，本底研究是其核心问题，高亮度前沿减速器的丢失粒子形成的本底与高能量前沿加速器的辐射本底是新一代对撞机设计面临的重要挑战。本底研究的关键需求是建立一套完整可靠的本底模拟方法。由于整个系统的复杂性，根据日本 SuperKEKB 的经验，早期本底模拟的结果与现实状况可能存在几个数量级的差别。这给探测器和加速器的设计及对撞亮度的保障带来了很大的不确定性。目前我国需要利用先进的加速器和探测器模拟工具搭建一套完整的模拟框架，并需要在实验中验证其可靠性。根据模拟研究对撞区的准直器、挡板，提高特定区域真空度等本底抑制策略的优化是对撞区设计中的重要工作，未来对撞机运行过程中动态优化本底需要依赖可移动准直器的设计与调节。此外，超导磁铁、束流管、支撑系统、冷却系统、真空系统、亮度检测器等对撞区子系统的研发也需要不断推进。超导磁体的设计需要权衡加速器物理的需求、探测器空间及本底水平限制；冷却系统面临高本底下热功率带来的超导磁体失超等问题的挑战；为了抑制高本底，需要更高、更稳定真空度的真空系统。

三、先进电子学技术

未来电子学系统的发展主要是要满足国内主导的以 CEPC、

STCF 等为代表的大型物理实验及以 LHC 升级版、ILC、FCC 等为代表的国际合作中各类先进探测器的读出需求。

当前，大型粒子物理实验向更高能量、更高亮度的发展趋势和探测技术的不断进步，要求电子学进行更高速、更高精度的全信息无失真获取，需要开展一系列具有挑战性、前瞻性的突破研究，如在高精度的时间、电荷、能量、位置信息等核心参数的测量技术上进行攻关，配合不断出现的新型探测器进行读出方法及信号高速数字处理技术的研究，为未来大型物理实验提供必需的先进技术手段。相比目前国内已有的谱仪探测器来说，未来基于加速器的粒子物理实验的探测谱仪的规模和通道数均显著增加，因此电子学系统除了需要适应像素探测器、微结构气体探测器、高颗粒度量能器等一系列先进探测器外，还应该着力解决耐辐照、高速数据传输、低功耗、低物质量设计等共性问题。

（一）前端电子学关键技术

1. 耐辐照的前端电子学

随着基于加速器的粒子物理实验的能量和对撞亮度的提高，谱仪的粒子辐射环境变得更加恶劣，尤其是对靠近对撞顶点的内层径迹探测器及其前端电子学，其影响更是不容忽视。[264] 需要研究基于深亚微米先进 CMOS 工艺前端读出芯片的耐辐照技术，包括辐射效应及抗辐射原理、抗辐射电路设计、抗辐射版图技术及辐射仿真评估技术等方面的基础研究，通过完成自主设计的芯片制造并进行辐照试验，完成抗辐射能力评估。以 CEPC 为代表的国内高能量前沿实验要求径迹探测器的前端电子学的总剂量指标预计达到 1 mrad 以上，应该研究探索利用先进工艺和优化设计，使前端电子学实现更高的耐辐照水平。

2. 低噪声、高计数率读出电子学

低噪声、高计数率电子学是一个重要发展方向，特别是未来以微结构气体探测器为代表的探测器的发展，对这个技术方向的电子学提出了更高的要求。未来，应继续开展大面积微结构气体探测器读出专用芯片研制，实现高精度二维和三维带电粒子径迹探测。核心技术挑战和发展方向包括如下三个方面。第一，低噪声电路设计技术，此类探测器信号微弱，为实现信号的高精度测量，需要实现 fC、亚 fC 的低噪声指标；第二，高计数率，需要实现几十千赫兹至几百千赫兹事例率下信号的读出；第三，具备同时实现电荷和时间测量的能力。此外，期望实现全数字化读出并实现数据压缩。上述关键突破需要从电子学系统设计和专用集成电路（application specific integrated circuit，ASIC）设计两个角度展开研究。应考虑基于深亚微米先进 CMOS 集成电路工艺，实现毫瓦级低功耗、10～100 MSPS①、8～12 bit波形采样模拟-数字变换器（ADC）和基于开关电容阵列（switched capacitor array，SCA）的波形采样电路。[265]应进一步推动微结构气体探测器读出电子学及探测器在国内外大型物理实验中的应用，并拓展气体探测器在高能核物理及核能和国防等领域中的应用。

3. 前端数字化及高速波形数字化应用

随着探测技术的进步和电子学技术的发展，探测器信号的前端数字化是一个必然趋势。将探测器输出信号经处理（如放大、成形）后直接在前端转换为数据结果，可以保证后续信号传输和处理的质量，契合未来粒子物理实验向更大规模的发展趋势。此方面研究的核心是前端数字化 ASIC 及电子学系统级设计技术，特别是低

① 采样率的单位：兆样本每秒，mega sample per second。

功耗、高性能 ADC 相关电路实现技术。另外，探测器信号的直接高速波形数字化也是一个重要发展方向。[266] 相对于传统的时间、电荷测量方法，此技术通过对探测器信号进行高速采样，可以获得全波形信息，从而得到最完整的信息，使物理学家可以根据不同应用运用最合适的处理模式分析信号。此技术的关键发展方向是高速波形数字化（包括电子学系统级及 ASIC 级设计技术，采样率为吉赫兹至十吉赫兹）及实时的波形分析和数字信号处理技术。

4. 高精度时间测量及应用

高精度时间测量是物理实验电子学的核心任务之一。[267] 大型粒子物理实验的发展对电子学时间测量精度提出了更高要求。目前稳定运行的高精度时间测量电子学水平在约 20 ps RMS，未来则要求电子学系统实现好于 10 ps RMS 的精度指标，因此需要展开深入研究，提升电子学测量精度。未来展开深入研究的有两个方向：第一个方向是以放大、甄别结合时间-数字变换为代表的技术方向 [268]，核心是掌握更高性能的前端放大甄别和 FPGA 时间-数字变换及 ASIC 时间-数字变换，以及高速、低噪声系统级设计技术；第二个方向是基于高速波形数字化技术进行高速采样 ASIC 的设计，配合电子学系统修正和数字信号处理技术，提取时间信息，此方向的关键技术是高速采样、实时修正、提取算法和高速电子学系统的设计技术。在高精度时间测量方面还有一个重要研究方向，即发展高颗粒度、高时间分辨率探测器（high granularity timing detector，HGTD）新型探测器的读出电子学技术。[269] 在 HGTD 中，通过结合精确时间测量结果和位置信息，可以更准确地区分碰撞顶点，减小堆积事例对物理研究的影响。此方向的研究核心与重点是平方毫米量级通道面积颗粒度下 20～30 ps RMS 时间测量水平的前端 ASIC 及相应的读出电子学设计技术。

5. 大动量范围前端电子学

大动量范围信号读出和测量技术也是此领域未来电子学需要深入发展的一个重要方向，其应用以量能器等探测器的读出为代表。例如，在 STCF 中，其电磁量能器单根晶体沉积的最低待测能量低至 1 MeV，最高待测能量可达 3 GeV，相应地读出电子学需要有 3000 倍以上的动态范围。因此，如何在大动量范围下实现高精度的信号测量是一个关键技术。此方向的核心为大动量范围前端读出和低噪声电子学的设计技术。通过电子学低噪声设计结合多增益处理、高精度阻抗匹配等技术，可以实现数千倍大动量范围下的精密信号测量。

（二）电子学系统与构架技术

1. 新型实时触发技术

随着对撞机实验向高能量前沿、高亮度前沿发展，末态产物变得更加复杂，探测器通道规模变得更庞大，对实验系统的触发也提出了极大挑战，而基于机器学习及其硬件加速实现的触发处理（事例筛选）是一个重要解决途径。[270]

粒子物理实验天然具有“大数据”的特点，给数据驱动型的机器学习应用带来极大优势。此外，机器学习算法层次分明、高度并行的特点也使其非常适合利用目前主流的高速数字电路实现，使之具备低功耗、高集成度、低延时的优势，能够很好地满足下一代粒子物理实验的高实时性触发处理需求。

该领域未来的研究方向包括如下两个方面：①基于机器学习的高分辨、细颗粒度粒子探测器（包括各类径迹探测器及成像量能器）的事例筛选 / 重建（包括径迹重建、簇射 / 喷注区分、粒子鉴别等）等触发算法研究；②机器学习触发算法的硬件加速及电路实现技术，以实现在目前主流的高速数字逻辑中的微秒级低延迟触发处理。

2. 高速数据传输及可扩展读出电子学构架

未来对撞机实验的发展趋势是高亮度、高精度和高能量测量。这就意味着更高的事例率、更多的读出通道数和更高的数据率。例如，在 ATLAS 实验的最新升级计划中，有效事例率将达到 1 MHz，读出通道数约为 90 000 000 路，总的数据传输带宽高达 2 TB/s。因此，传统的数据传输系统架构已经无法胜任，需要展开两个方面的研究。第一，研发新的数据传输及获取系统架构，以满足上述高事例率（兆赫兹以上）、大通道数（百万路以上）、高数据带宽（10 TB/s 以上）的读出需求。同时，为了满足不同探测器及不同实验规模的读出要求，该数据传输及获取系统还应该具有通用、可扩展的特点。第二，进行前端电子学数据汇总和传输的关键 ASIC 研究，包括前端数据接收与预处理芯片、光纤数据传输等系列芯片，解决高数据率下的数据接收、汇总、光纤驱动的功能，配合数据获取构架构成新型数据传输技术。

3. 高性能时钟同步技术

在大型物理实验中，时钟信号是所有电子学同步的时间基准，也是进行事例组建的信息参考。在大型物理实验电子学系统中，特别是包含高精度时间测量的电子学系统中，必须进行高性能时钟系统的设计，才能保证最终电子学系统整体的性能。随着此领域物理实验的发展，时间测量精度不断提升，发展更先进的时钟电子学设计技术也是此领域一个重要的方向。[271] 此方向发展包括两个关键技术的探索。一个关键技术是更高品质时钟信号的产生与分发技术。如前文所述，下一代电子学时间测量系统追求好于

10 ps RMS 的精度，时钟信号本身的抖动必须与之匹配，而在大规模电子学系统中，需要对时钟信号进行多级、大量通道的扇出。因此，既需要高品质的时钟源，又必须保证时钟信号扇出的质量，研究出高性能的时钟信号传输技术（周期抖动好于 5 ps RMS）是一个重要发展方向。在某些物理实验中，探测器分布范围广，而实验环境无法保证恒温控制，因此如何解决变温环境下的时钟相位对齐是另一个关键技术，发展的可能技术方向包括高效的校准技术、高精度自动相位同步等技术。此外，针对某些应用还需要考虑高性能时钟和高速数据、命令等信息的融合传输，这也是此领域进一步发展的一个方向。

四、高性能数据处理技术和方法

离线软件和数据处理是高能物理实验的重要组成部分，离线软件系统包括软件平台、模拟、刻度、重建和物理分析工具等部分。离线软件在实验前期对探测器方案的优化及实验运行后实验数据的刻度、重建和物理分析研究等数据处理过程提供关键技术与解决方案。开展高性能数据处理技术和方法的研究是保障未来高能量前沿与高亮度前沿大科学装置顺利建设、运行、物理产出的重要环节。

高能量前沿和高亮度前沿的离线数据处理与物理分析过程基本类似，包含两大任务——原始数据离线处理和模拟数据产生。在线获取的原始数据记录了事例在探测器中产生的电信号信息，需要根据各子探测器的工作原理，经过复杂的刻度、重建算法转化成相应的物理信息（如带电粒子的动量、飞行时间等），基于这些重建数据才能开展物理研究。另外，为配合物理分析，需要计算机模拟产生特定反应的模拟数据，帮助用户优化事例选择条件和确定探测效率，估计本底污染和系统误差。为了反映探测器状态变化和确定重建所需的关键参数，离线数据处理中需要选取高统计量的特定事例对探测器进行刻度和校准。离线软件不仅用于数据处理，也用于物理分析，因此必须提供相应的物理分析工具，如运动学拟合、顶点拟合、统计分析工具及事例图形显示等。现代高能物理实验离线数据处理过程和物理分析通常在统一的平台软件下完成，平台软件提供离线数据处理和物理分析所需的功能，包括流程控制、数据管理、常用服务及应用接口等，其性能取决于平台软件及刻度、重建算法等所采用的技术和方法，离线数据处理速度取决于实验数据量、探测器的复杂程度及处理数据的计算资源规模等。

（一）BES 实验离线软件的发展状况

我国在加速器物理实验离线软件和数据处理方面已经开展了大量的研究工作，成功地支撑了 BES、BESⅡ及 BESⅢ实验的顺利运行和物理成果产出，在离线数据处理技术、方法和软件等方面积累了丰富的研究经验。

BES 的软件主要参考了 MARKⅢ实验的离线软件系统，基于 FORTRAN 语言、CERNLIB 和 20 世纪七八十年代的软件技术。由于 BES 探测器和 MARKⅢ探测器的相似性，BES 的重建软件 DRUNK 和模拟软件 SOBER 在 MARKⅢ的 MOAN 和 GASP 基础上修改完成。各子探测器重建算法与 MARKⅢ类似，探测器模拟部分使用的电磁相互作用包含 EGS，不包含强相互作用。BESⅡ的软件发展基于两个方面的因素，主漂移室的升级和物理分析对模拟数据质量要求的提高。主要的软件改进有主漂移室刻度重建算法，尤其是寻迹算法和模拟软件中采用 GEANT3 软件。新的主漂移室寻迹方式采用超层模式识别的查字典方式提高了径迹探测效率和动量分辨率。新开发的模拟系统 SIMBES 采用了 GEANT3，模拟过程和真实情况更加接近。BESⅢ离线软件系统 BOSS 是基于 C++ 语言和面向对象技术自主开发的全新系统。[272] BOSS 框架采用 LHCb 实验的 GAUDI[273]，探测器模拟使用 GEANT4，各子探测器重建部分参考国际高能实验的成熟算法，外部软件库有 CLHEP、ROOT 等。整个系统于 2003 年开始开发，集离线刻度、模拟、重建、事例产生子、事例显示和分析工具应用于一体，于 2008 年完成。由于开发阶段各系统充分利用模拟数据进行了调试，在 2009 年实验获取物理数据后及时投入了使用，数据处理后各探测器的性能达到了设计指标，软件运行稳定可靠。软件组每年发布 1～2 个 BOSS 软件版本，补充新算法和优化模拟过程，软件性能和物理指标不断改善；2016 年完成了端盖飞行时间探测器软件升级并准备主漂移室内室升级的软件开发；2019 年为 BEPCⅡ在 TOP-UP 模式下获取数据更新了部分软件。BOSS 不仅用于离线数据处理和物理分析，也用于在线数据获取，进行数据质量监控。

（二）STCF 实验和 CEPC 实验的软件开展概况

STCF 软件系统基于我国自主开发的 SNiPER 软件平台[274]，结合实验需求设计和开发了其数据管理系统，采用基于 ROOT 的具有层次结构的数据模型及基于扁平数据格式（PODIO）的具有扁平数据结构的数据模型。后者对并行计算有很好的支持和保障，设计和开发了基于 DD4hep 的探测器几何管理系统 GMS[275]，便于不同探测器设计方案的优化和性能比较。径迹重建是离线重建系统的重要组成部分，STCF 联合内径迹探测器（ITK）和主漂移室的信息开发了基于霍夫变换（Hough transform）原理的寻迹算法，径迹拟合由卡尔曼滤波（Kalman filtering）方法完成。粒子种类鉴别基于 RICH 和 DTOF 的信息分别开发了最大似然法和神经网络方法两种算法。量能器的重建算法采用迭代法寻找相邻的晶体的能量沉积信息，计算出入射粒子的总能量和击中位置。缪子探测器利用主漂移的外推信息实现对带电粒子的径迹重建，中性粒子的重建通过利用电磁能量器击中或缪子探测器击中联合对撞点外推算法实现。目前，重建技术和方法的优化是 STCF 软件研究的重点。

CEPC 软件系统开始基于 ILC 的软件框架 Marlin 及其数据结构 LCIO，在此根据 CEPC 的物理研究需求开发了一套离线软件系统，很好地支撑了 CEPC 的 CDR 的研究工作，实现和国际上其他未来加速器物理实验软件的技术共享。目前，CEPC 采用 Gaudi 作为底层软件框架，集成未来高能物理实验统一的事例数据模型（EDM4hep）[276]、探测器几何构建工具（DD4hep）[277] 及高能物理通用软件技术（Key4hep）[278]，研究和建立起与国际最先进软件技术接轨的 CEPC 软件平台 CEPCSW，实现国际大型实验间的软件透明共享及协同技术攻关，支撑当前的探测器方法的优化和物理预研究工作的开展。随着 Key4hep 发展，CEPC 平台软件将利用异构计算、机器学习和量子计算等领域的最新技术继续发展。同时，在该软件平台上探测器模拟、事例重建、数据分析软件工具的研发也会有序进行。

（三）关键技术和预研

粒子物理实验沿着高能量、高亮度两个前沿快速发展，包括 STCF、CEPC、FCC、CLIC 及 ILC 在内的一系列大型国际合作实验装置正在预研中，这两个前沿的共同特点是实验数据量急剧增加。因此，实现将海量实验数据转化为物理研究成果的高性能数据处理技术和方法的研究及离线软件系统的构建越来越重要。

BES 的原始数据事例大小为 1～10 kB 量级，各个实验阶段不同。目前运行在 BEPCⅡ 上的 BESⅢ 实验离线年数据处理量约为 1 PB。新一代高亮度正负电子对撞机的设计亮度约是 BEPCⅡ 的 100 倍，能量范围达到 2～7 GeV，而新一代高能量正负电子对撞机对撞质心能量覆盖范围为 90～240 GeV，其在希格斯工厂的运行模式下的设计亮度大于 $5 \times 10^{34}\ \mathrm{cm}^{-2} \cdot \mathrm{s}^{-1}$，在 Z 玻色子工厂的运行模式下的设计亮度大于 $1 \times 10^{36}\ \mathrm{cm}^{-2} \cdot \mathrm{s}^{-1}$。这两个未来的高能物理实验均采用更高性能的粒子探测器技术及电子学技术。可以预见未来高能量前沿和高亮度前沿实验规模的扩大及数据复杂程度的提高，数据的获取、处理与分析需要的计算量与当前实验相比有显著增长。这些急剧增长的实验数据量、复杂多维的数据结构、更高精度的物理需求对现有的离线数据处理软件和计算资源等提出了前所未有的挑战。这种挑战不仅是软件和计算领域的问题，更是粒子物理实验科学产出面临的巨大挑战。

为满足 CEPC 和 STCF 等实验未来的数据量及物理研究需求，必须深入开展高性能数据处理技术、计算方法及软件架构等关键技术的研究，通过创新改进软件性能，大幅度提高现有和未来计算资源的利用效率，突破数据处理和计算瓶颈，以支持我国正在开展的 CEPC、STCF 等高能物理实验的设计、建设及物理研究，并将相关计算技术和算法软件应用在 FCC、CLIC 及 ILC 等其他国际实验的建设中，发挥重要作用。今后拟开展以下主要关键技术和预研内容。

1. 软件平台技术

软件平台是离线软件系统的关键，负责提供离线数据处理和物理分析过程中数据模型、数据管理、流程管理、文件存储、常用工具、用户界面等核心功能，并把事例产生子、探测器模拟、电子学模拟、刻度、重建及物理分析等软件有机地组织在统一的平台和计算环境中，对整个离线数据处理和物理分析研究发挥着支撑作用。因此，软件平台技术的研究重点是：综合利用计算机领域发展起来的新技术，研制国际先进的高性能数据处理软件平台，满足对海量、高维、复杂数据的处理和分析需求，支持在多核 CPU、GPU 及 FPGA 等不同硬件架构上的并行计算和异构计算，从而提升实验离线数据处理和物理分析性能，保证物理研究成果的可靠性；积极参与国际上通用软件技术的研发，与国际通用软件栈技术接轨，实现不同实验间的数据处理技术、方法和软件的透明共享，提升我国在高能物理实验离线软件研发方面的影响力和国际地位。

2. 探测器模拟技术

探测器模拟是整个离线软件系统的重要组成部分，主要研究内容包括：提供满足物理研究需求的事例产生子，探测器几何和材料的精确描述，模拟粒子在探测器中的传输及与物质间的相互作用，真实地模拟探测器响应。探测器模拟结果的可靠与否直接影响到物理结果的准确性。因此，在探测器模拟技术方面要开展的研究主要包括：开展探测器模拟软件技术研究，实现模拟和数据的高度符合，包括发展探测器全模拟、快速模拟、参数化模拟方法及可灵活配置的探测器模拟框架，满足复杂探测器设计和优化的快速迭代要求；开展深度学习在快速模拟方法上的应用研究，用基于生成对抗网络（GAN）的深度学习模拟方法代替特别耗时的探测器模拟，从而实现模拟速度数量级提升；开展新兴计算技术（如并行计算、异构计算等）在探测器模拟中的应用研究，提升运行速度，满足高亮度、高精度实验中物理研究的需求。

3. 刻度方法和技术

刻度系统能够消除实验条件变化对探测器的影响，是实验的原始数据正确转化为物理量并开展物理分析研究的重要环节，主要内容包括开展高能量前沿和高亮度前沿相关子探测器刻度方法的研究、刻度算法的开发及刻度常数的管理等，建立起完整的刻度系统和处理流程，实现电子学读出与物理量之间转换的准确性，最大限度地消除实验外部因素和探测器本身运行状态对物理测量的影响。

4. 重建方法和技术

重建是整个离线数据处理过程中一项非常复杂、具有挑战性的任务，主要包括带电径迹的重建、电磁簇射的重建及粒子、喷注等的鉴别。在事例重建算法方面，将根据正负电子对撞机探测器的特点，发展具有高噪声排斥能力和高效率的径迹探测器模式识别算法，使寻迹算法满足实验的需求；发展高能量下的粒子流重建算法，实现包括喷注在内的关键物理量的精确重建；发挥机器学习方法和高能物理实验高统计量数据的优势，研发新型粒子鉴别算法，深入挖掘各个子探测器的潜力，达到物理研究要求的粒子鉴别性能。

5. 分析方法和技术

数据分析软件是物理学家从重建数据中提取物理结果的关键工具。鉴于数据量急剧增加，以及探测器复杂程度和物理测量精度的提高，数据分析方法和技术的研究随着大数据与机器学习领域的协同发展成为今后又一个重要研究内容。机器学习是一种从海量数据中发现统计特征和结构、提取经验的人工智能算法，是解决分类、数据回归、概率密度估计、信号压缩、特征提取等科学计算任务的有效手段。针对高能物理数据分析需求，发展通用机器学习分析框架，提供数据输入、训练模型的自动部署等功能，将会提高数据分析的速度和性能，促进物理成果的产出。同时，要开展数据压缩技术、事例索引技术、可视化分析技术及声明性分析技术等应用研究，为物理学家提供更加快捷、高效、简单的数据分析技术和工具。

6. 计算平台技术

高能量前沿和高亮度前沿大科学装置将会获取海量实验数据，以及需要产生更大统计量的蒙特卡罗模拟数据，预计到 2035 年前后将达到 ZB 级别。开展先进计算技术的研究及建设高性能计算平台是实现未来高能物理实验从海量实验数据中获得物理成果的关键支撑。因此，在计算平台技术方面，要深入开展并行计算、异构计算、云计算、量子计算等新硬件技术在离线数据处理和物理分析研究中的技术研发与应用研究，建立具有高可扩展性的分布式计算平台，整合实验合作组成员单位及商业的计算资源，支持包括异构计算、深度学习在内的复杂应用。基于 Rucio 技术实现全球范围的实验数据联盟和管理，通过多级缓存机制实现不同研究单位间软件和数据的高速访问与共享。

五、束流测试平台

束流测试平台是探测器性能研究、实验系统检测和标定、耐辐照能力测试的理想装置。目前国内的束流测试装置能量较低、束流粒子种类较少、束流流强偏低，对高能量前沿或高亮度前沿粒子探测器的束流测试严重依赖于欧洲核子研究组织、美国费米国家加速器实验室等国外研究机构的束流平台。考虑未来国内粒子物理和核物理大型装置的实验需求，高能量、高流强的专用束流测试装置是必不可少的。粒子探测器研发过程中需要对器件或样机进行各种性能研究和耐辐照测试，需要利用高流强的粒子束流测试装置，如表 3-6 所示。如果未来在国内开展大型对撞机实验，高能量的束流测试装置是必不可少的。上海同步辐射装置（SSRF）的电子束能量为 3.5 GeV；此外，建设中的上海硬 X 射线自由电子激光装置（SHINE）将把电子加速到 8 GeV，北京怀柔高能同步辐射光源（HEPS）将提供 5～6 GeV 的电子束。如果能把上述光源的电子束流引出来建设成通用的束流测试平台，将会有广泛的应用前景。东莞散裂中子源二期建设中将引出质子束打靶，能提供 100～1000 Hz 的质子、缪子等单粒子束流，可以供探测器研制者使用。

表 3-6　国际上主要的粒子束流测试装置

束流装置拥有机构	粒子束流	粒子能量
CERN SPS	电子，缪子，强子	10～400 GeV
CERN PS	电子，缪子，强子	1～15 GeV
德国电子同步加速器研究所	电子	1～6 GeV
美国费米国家加速器实验室	电子，质子，K	1～120 GeV
SLAC	电子，质子	1～20 GeV
KEK	电子	0.5～3.4 GeV
中国科学院高能物理研究所	电子，质子	0.1～1.2 GeV
中国东莞散裂中子源	中子	低能中子

第三节 发展方向

基于加速器的粒子物理实验大科学装置，不仅是基础科学前沿研究的大国重器，而且是集聚国际高端科技人才和研发尖端技术的重要平台，是典型的多学科交叉融合、综合性研究基地。因此，建设我国新一代基于加速器的粒子物理实验大科学装置，是夯实基础研究源头的创新能力、引领科技发展方向、提升我国科技创新发展水平、实现我国2035年国家发展战略规划的重大举措之一。鉴于当前国际上基于加速器的粒子物理实验的研究现状和发展趋势，特别是当前没有新物理证据确切存在的情况下，未来的基于加速器的粒子物理需要同时开展高能量前沿和高亮度前沿的研究。两个研究方向相互补充和促进，缺一不可。因此，在过去10年的时间里，在中国物理学会高能物理分会的领导和协调下，我国的粒子物理领域开展了后北京正负电子对撞机/北京谱仪时代的中国基于加速器的粒子物理实验的战略研讨和规划。经过多次研讨，在高能量前沿和高亮度前沿分别逐步形成了CEPC和STCF两个重要项目，并都已开始开展相关的预研工作。

一、高能量前沿——CEPC

中国在高能量前沿的规划是建设一个兼顾希格斯玻色子和Z玻色子的高精度粒子工厂，即周长为100 km的CEPC。该装置同时具备升级为100 TeV量级质子对撞机（SPPC）的潜力，具有巨大的物理潜力和重大的科学意义。

在希格斯玻色子被发现后，其性质的精确测量立刻成为国际高能物理学界关注的焦点。为此，科学界不仅通过装置性能的升级尽力挖掘现有的大型强子对撞机的物理潜力（即 HL-LHC 项目），提升其测量精度，还倡议不同类型的希格斯工厂开展大量物理潜力研究及关键技术预研。在这些倡议中，基于正负电子对撞机的希格斯工厂具有信噪比高、可对希格斯玻色子性质开展绝对测量等科学潜力的巨大优势，同时拥有相对成熟的技术储备及与 LHC 实验研究的高度互补性等优点，是下一代高能量前沿对撞机的理想选择。正缘于此，欧洲粒子物理 2020 战略规划认定“基于正负电子对撞机的希格斯工厂是未来对撞机发展的最高优先级”，美国正在开展的高能物理规划 SNOWMASS 2021 也在积极研讨基于正负电子对撞机的希格斯工厂。

当前，国际上在正负电子希格斯工厂中相对成熟的设计包括我国提出的 CEPC、欧洲核子研究组织提出的未来环形对撞机中的正负电子对撞机阶段、紧致直线对撞机及日本政府有意承建的 ILC。国际高能物理学界围绕这些正负电子希格斯工厂开展了大量预研。ILC 于 2013 年发布了其技术设计报告，CLIC、CEPC 和 FCC-ee 分别于 2013 年、2018 年和 2019 年发布了概念设计报告。这四个正负电子希格斯工厂包括两个直线对撞机（ILC 和 CLIC）和两个环形对撞机（CEPC 和 FCC-ee），其中直线对撞机的质心能量不受正负电子束流轫致辐射的限制，具有质心能量易于升级的优势。

作为正负电子对撞机，CEPC 预期在 3 个模式下运行。

（1）希格斯工厂模式：在 240 GeV 的质心能量下积累 5.6 ab^{-1} 的积分亮度，将产生上百万个希格斯玻色子、上亿个 W 玻色子、约十亿个 Z 玻色子。这部分数据主要用于进行希格斯玻色子性质的精确测量。

（2）Z 工厂模式：在 91 GeV 能区运行，将产生近万亿个 Z 玻色子。这部分数据主要用于进行电弱精确测量及味物理测量。

（3）W 玻色子质量扫描模式：在 160 GeV 附近运行，产生上千万个 W 玻色子。该数据主要用于进行精确的 W 玻色子质量和宽度测量。

在所有的运行模式下，CEPC 还将积极进行新物理信号的寻找。与此同时，CEPC 可以将质心能量提升至 360 GeV 能区，有望产生近百万顶夸克和反顶夸克及更多的希格斯玻色子。这项升级使得我们可以对顶夸克性质（质量、宽度）、该能标下的强相互作用耦合常数、顶夸克汤川耦合等标准模型关键参数进行测量，能显著提升希格斯玻色子测量的精度，并能极大加强寻找新物理信号的敏感度。

CEPC 在希格斯玻色子性质测量方面的预期精度将超过 HL-LHC 极限精度约一个量级；在电弱精确测量上的预期精度将超过现有最高水平至少一个量级；在味物理及 QCD 测量上具有独特的优势；对新物理信号高度敏感。其后的 SPPC 升级，质心能量比 LHC 提升约 1 个量级。

我国高能物理学界很早就意识到正负电子希格斯工厂的战略地位，早在 2012 年就提出了 CEPC-SPPC 的概念，率先明确了先正负电子对撞机、再质子对撞机的技术路线。围绕这一技术路线，我国高能物理学界进行了大量的物理研究、整体设计和关键技术研发。“十三五”期间，CEPC 预研团队获得了科技部大科学装置国家重点研发计划资助，并开展了加速器物理设计及关键技术预研工作，完成了项目的整体布局（图 3-17）、直线加速器、增强器、对撞机等方面的概念设计，在超导腔等关键技术方面的研究

图 3-17　CEPC 项目整体布局

取得突破性进展。CPEC 的概念设计报告已经于 2018 年通过国际评审并正式发布。

CEPC 预研团队也开展了探测器关键技术预研工作，包括高空间分辨率、高密度、高集成度、低功耗硅探测器 ASIC 芯片设计，高位置分辨率的时间投影室、高颗粒度电磁和强子量能器样机、切连科夫探测器用于大动量范围粒子鉴别技术，加速器对撞区与探测器接口设计等。目前团队已经成功设计和研制了空间分辨率好于 3 μm 的低功耗 JadePix3 芯片、基于塑料闪烁体和 SiPM 的高颗粒度电磁量能器样机等。

CEPC 预研团队深度参与了 LHC 实验的探测器升级改造，积极参与了未来探测器国际合作研发，并主导了 CEPC 探测器关键技术预研。团队瞄准高能量前沿粒子探测的核心技术，从 30 年前的落后状态到现在迎头赶上，已逐渐融入先进探测技术国际合作研究的主流方向，取长补短，从原先的“跟跑”状态逐渐过渡到部分领域与国际同行“并跑”的态势。在科技部、自然科学基金委、中国科学院等各部门和院校的联合支持下，本领域培养和引进了一大批国际优秀青年物理学家和领军人才，在高能量前沿取得了一系列重大科研成果和关键进展，人才队伍建设成效显著。我国科学家还在 LHC 加速器物理设计及高亮度 LHC 升级、LHC

网格 Tier2 计算平台的建设运行等方面做出了重要贡献。目前，我国在高能量前沿的对撞机领域的整体人才储备已呈现在我国主导建设对撞机所需的全面团队的雏形。

目前，我国高能物理学界正在积极推动 CEPC 项目的技术设计工作，进一步推动关键技术的研发和项目整体的整合优化。我国高能物理学界积极推动 CEPC 项目的国际合作，同全球数十个顶级研究机构签署了合作备忘录，成立了由领域内顶级专家组成的国际顾问委员会，有 300 多位国际高能物理学家参与并开展了 CEPC 概念设计报告的工作。与此同时，我国高能物理学界也积极推动了与其他正负电子希格斯工厂的国际交流及合作。我国高能物理学界从物理、技术、建设、国际合作等方面为该项目的建设进行了积极的准备。

二、高亮度前沿——STCF

陶粲能区的质心能量处于 2～5 GeV，位于 QCD 的微扰能区与非微扰能区的过渡区域，是检验 QCD 色禁闭性质和发展 QCD 理论的关键能区之一；在该能区具有丰富的共振结构，为研究奇特强子态、多夸克态、胶子球及混杂态等新型强子态提供了重要研究平台；在该能区包含不同类型的重子对产生阈值，为研究重子（核子）的内部结构提供了重大机遇。另外，在该能区能够在阈值附近产生海量低本底的陶轻子对、粲介子对及粲夸克偶素等，为高精度开展味物理研究、精确检验电弱统一理论、探索 CP 破坏和寻找新物理提供独特场所。鉴于陶粲能区具有的独特性质和重大科学发现潜力，过去 40 年来一直是粒子物理研究领域关注的重点之一。1974 年 J/ψ 粒子的发现，被认为是粒子物理学的“十一月革命”，开启了陶粲领域的物理研究。在国际上先后有在美国SPEAR上的三代MARK实验及晶体球CBAL实验，位于法国ORSAY的DCI对撞机上的DM2实验等。位于美国康奈尔大学的CLEO-C实验后期也在陶粲能区运行。20世纪80年代末，在政府的全力支持下，我国开始陶粲物理的实验研究。在过去的30年里，我国先后经历了北京正负电子对撞机BEPCⅠ和BEPCⅡ两代对撞机及北京谱仪BESⅠ、BESⅡ、BESⅢ三代的实验，获得了一系列令世人瞩目的研究成果，如陶轻子质量的精确测量、*R*值的精确测量，X(1835)、Zc(3900)等新粒子的发现等。陶粲装置与高亮度前沿其他的大科学装置（如B工厂等）形成相互竞争、优势互补及协同创新的势态，共同推进高亮度前沿粒子物理研究进展，缺一不可。北京谱仪的成功运行，也使得中国在粒子物理研究领域从占有一席之地到进入国际领先行列，引领着国际陶粲物理和强子物理的研究。

2008年以来，BEPCⅡ/BESⅢ实验成功、顺利地运行，取得了一系列令世人瞩目的物理成果，在国际物理刊物上发表了超过350篇物理文章，在国际粒子物理学领域的发展过程中具有不可替代的地位。相较于国际上其他粒子物理实验，BEPCⅡ/BESⅢ是一个“性价比”非常高的实验。但随着实验的深入，由于受到质心能量（2～4.6 GeV）和对撞机亮度（1×10^{33} $cm^{-2}\cdot s^{-1}$）的约束，在该领域中仍有一些重大物理课题无法得到解决，如粲介子的研究需要更多的数据量、粲重子的研究需要更高的质心能量、类-粲偶素的研究同时需要更高的亮度和质心能量等。由于受到地理位置及部分基础设施条件的约束，BEPCⅡ/BESⅢ没有进一步升级改造的空间与潜力。随着探测器的老化及国际上其他粒子物理实验的竞争，BEPCⅡ/BESⅢ实验即将完成其历史使命。在中国建造STCF是

BEPCⅡ/BESⅢ实验的自然延伸，具有重大的科学意义和优势，值得期待。

基于陶粲能区实验的国际现状，我国和俄罗斯分别提出建造一台新一代的超高亮度正负电子对撞机——超级陶粲工厂（我国称为STCF，俄罗斯称为SCTF），其对撞峰值亮度达到 $5\times10^{34}\ \mathrm{cm}^{-2}\cdot\mathrm{s}^{-1}$，是北京正负电子对撞机的100倍，质心能量的上限由5 GeV扩展到7 GeV，并且考虑极化束流的应用，大幅度提升了研究性能和科学发现潜力。作为独特的非微扰强相互作用和味物理专用的研究平台，未来的超级陶粲装置将为研究核子内部结构和强相互作用的本质、探索奇异物质和正反物质不对称性、寻找超出标准模型的新粒子或新现象提供关键场所。鉴于陶粲能区物理在高亮度前沿研究的重要性和需求，超级陶粲装置也是欧洲粒子物理2020战略和美国高能物理规划SNOWMASS 2021重点关注项目，多次受邀汇报研究进展。

为了实现相关的科学目标，超级陶粲装置的存储环长约1000 m，为双环结构；全能量注入，直线注入器的长度约为300 m。装置设计的最大挑战是如何在陶粲能区实现超高亮度。为此，装置将采用当前国际上最先进的大交叉角下的蟹腰型对撞方案，同时必须具有低发射度、大流强及对撞点处的小 β 函数等特点，需要开展前瞻性的加速器物理设计和关键技术预研。同时，在超高辐射环境和超大（密度）数据量条件下，对探测谱仪的物理设计和研制也是很大的考验。超级陶粲装置的预研约需要5年（在预研经费有保障的前提下），需要经费约为4亿元；建设工期约为7年，需要经费约为45亿元。

SCTF项目是俄罗斯政府批准的五个大科学装置项目之一，由位于俄罗斯新西伯利亚的布德克尔核物理研究所（Budker Institute of Nuclear Physics，BINP）牵头组织预研，目前也正处于概念设计和优化阶段，并于2018年出版了初版的概念设计报告。BINP是国际著名的粒子物理与原子核物理研究单位，目前正主持VEPP-4M/KEDR实验及VEPP-2000/CMD-3和SND实验的运行，也参与ATLAS、LHCb、BelleⅡ、BaBar、BESⅢ、COMET等实验。BINP在加速器和探测器及相关的电子学方面取得了很好的成就，特别是在加速器领域发明了很多相关的关键技术。

STCF是我国继BEPC/BES实验后全新的运行在陶粲能区的大科学装置，是BEPC/BES项目的自然延续。作为我国未来基于加速器的粒子物理实验装置的两个重要选项之一，从2018年起，我国成立了相关的研究团队，启动了项目的可行性研究、概念设计和关键技术预研等工作。当前，研究团队已经完成了STCF项目的物理课题的凝练和优化研究工作，形成了STCF项目物理概念设计报告并通过了国际评审；在加速器方面，完成了整个装置的整体布局、直线注入器和储存环的概念设计，并且在正电子源、束测等关键技术的研发中取得了重大进展，形成初版的概念设计报告，正在进一步优化，将在2025年形成完整的概念设计报告并且进行国际评审；在探测谱仪方面，STCF研究团队完成了概念设计报告，正在进行国际评审，并开展了基于切连科夫技术的粒子鉴别系统、基于闪烁晶体的电磁量能器、基于微结构气体探测器的内径迹室的关键技术预研，同时研制样机，并取得了重大研究进展。STCF装置整体布局如图3-18所示。

BEPC/BEC的30年的成功运行和近20年国际实验合作的参与，为我国在此领域的人才队伍培养、关键技术储备等奠定了基础。鉴于我国在此领域的研究现状、国际地位、人才队伍、技术储备，结合我国现阶段的工业基础和水平及经济实力，我国已经具备了

图 3-18 STCF 项目园区布局

主导建造超级陶粲装置的人才队伍和技术基础，在国际上被一致认为是建造 STCF 的最佳国家。当前，STCF 研究团队包含了国内外（包括中国、俄罗斯、法国、德国、意大利等）的近 20 个高校和研究所，并且联合了领域外多家研究单位和企业开展关键技术预研。经过多次协商，研究团队也与俄罗斯团队达成了协同人才培养和关键技术预研协议，并且定期开展联合月会及年度国际研讨会。

三、国际合作和竞争

在国际合作方面，中国广泛参与了世界上主要高能量前沿和高亮度前沿的大科学装置实验研究及未来项目的预研究，包括正在运行的 CERN 的 LHC 实验（ALICE 实验、ATLAS 实验、CMS 实验、LHCb 实验）、日本 SuperKEKB 的 Belle/BelleⅡ实验、美国 JLab 的 GlueX 实验，正在建造的德国 FAIR 上的 PANDA 实验，以及下一代的高能正负电子对撞机 CEPC、FCC 和 ILC 的预研……

在高能量前沿，CERN 的 LHC 是当今世界正在运行的规模最大、能量最高的高能对撞机实验装置。过去 20 多年，中国组承担了 LHC 实验探测器的部分建造任务（约 1%），包括 ATLAS 和

CMS 上缪子谱仪 MDT 和 TGC 的建造、量能器吸收体的研制、探测器前端读出模块的研制和检测等，ALICE 实验光子谱仪、双喷注电磁量能器和径迹探测器研发等，LHCb 实验触发电子学研发等，并积极参与了探测器的安装、运行和维护等工作。中国组在多个方向布局了前沿探索，积极广泛地参与实验数据的物理研究，在希格斯玻色子、五夸克态粒子、双粲重子、双规范玻色子散射过程等研究中取得了一批具有国际影响力的重要成果，并对新物理寻找及标准模型精确检验等前沿课题做出了重要贡献。根据国际高能物理研究的发展状况和趋势，CERN 计划在 2026 年夏天开始将 LHC 升级为高亮度大型强子对撞机（HL-LHC），并将于 2031 年重新运行，计划用 10 年的时间，累积 $3000fb^{-1}$ 的实验数据，是 2026 年停机前采集的数据（$300fb^{-1}$）的 10 倍。为应对高亮度 LHC 的要求及探测器长期运行带来的老化和效率降低等问题，LHC 计划开展两次探测器升级改造工作，一期（Phase Ⅰ）升级在 2022 年完成，二期（Phase Ⅱ）升级计划在 2030 年完成，其中 LHCb 二期升级计划在 2031 年完成。在 LHC 一期探测器升级改造阶段，中国组承担了 ATLAS 缪子谱仪端盖 NSW 触发探测器窄条窄间隙室的建造和安装，前端电子学读出系统 FEB 设计和 PCB 板制作及测试等工作；承担了 CMS 端盖缪子探测器 CSC、触发探测器阻性板室的建造和安装，以及缪子一级触发预处理（CPPF）系统的研制和建造等工作；承担了 LHCb 闪烁光纤径迹探测器前端电子学的研制和检测，以及径迹上游径迹探测器的研制等工作。中国组计划继续深度参与 LHC 二期探测器升级改造，包括研制用于粒子顶点和径迹精确测量的高空间分辨率且耐辐照的硅微条探测器（ATLAS 实验）、用于提高粒子触发效率的高计数率的大面积阻性板室和 THGEM 气体探测器（ATLAS 实验、CMS 实验）、用于提高喷注和粒子簇射能量分辨率的高颗粒度量能器（CMS 实验、LHCb 实验、ALICE 实验）、基于硅像素芯片的高粒度时间探测器 HGTD（ATLAS 实验）、硅像素径迹探测器（LHCb 实验）、探测器读出电子学系统和触发系统（ATLAS 实验、CMS 实验、ALICE 实验）等探测器系统。2020 年，中国团队为 CERN 的 HL-LHC 研制了首支 CCT 超导磁体原型样机，并成功通过了各项性能测试；后续将为 HL-LHC 批量生产 12 支超导磁体。加速器和探测器的成功升级和正常运行将为 LHC 实验未来 10～15 年进行高能量前沿的物理研究提供强有力的基础。2020 年，欧洲粒子物理战略规划明确提出“正负电子希格斯工厂是优先级最高的下一代对撞机”，这是国际高能物理学界在高能量前沿多年研讨后形成的共识。国际上高能量前沿的四个对撞机实验方案之间既有良性竞争，又拥有很强的国际合作和互补关系。未来 10～15 年，中国高能物理学界将积极牵头组织国际大科学装置计划，争取在中国本土建造下一代高能对撞机实验项目，跻身高能对撞机物理尖端领域世界领先的行列。同时，我国也需要积极参与其他国际高能对撞机实验项目，在其中发挥更加重要的作用和影响力。

在高亮度前沿，过去 20 年，位于日本的 KEKB/Belle 实验取得了巨大成功，在加速器领域取得了世界上正负电子对撞的最高峰值亮度，并且在味物理特别是 B 物理领域取得了重大研究成果。过去 10 年，KEKB/Belle 实验成功升级为 SuperKEKB/BelleⅡ 实验，目前正处于机器调束和探测器试运行阶段，机器的对撞峰值亮度在不断攀升，预期在不久的将来达到设计亮度 $0.8\times10^{36}\,cm^{-2}\cdot s^{-1}$。同时，探测谱仪的各个系统也逐渐完善，性能不断提升。SuperKEKB/BelleⅡ 实验预期将积累 $50\,ab^{-1}$ 的实验数据，为味物理与 CP 破坏、强子物理、粲物理及 τ 物理的研究提供关键平台。毫无疑问，SuperKEKB/BelleⅡ实验在未来10年是国际高亮度前沿最重要的对撞机装置之一。我国于20世纪90年代参加Belle实验，在Belle实验的DAQ电子学插件研制、软件开发、物理分析等方面做出了重要贡献。随着人员规模、科研水平和经费投入等方面的不断提高，我国参与BelleⅡ实验的国际合作深入更多核心领域，合作范围更加广泛，但所面临的竞争也更加激烈。在BelleⅡ探测谱仪的升级改造中，我国负责了Belle2link全局数据读出系统，并参与了硅像素探测器的DAQ、Klong和缪子探测器的升级、高层级触发系统等软硬件工作，并将积极开展B介子衰变中CP破坏$D^0-\bar{D}^0$混合中间接的CP破坏效应、类粲偶素等重要课题的研究。尽管如此，客观地说，由于一些历史原因，相较其他发达国家，我国在BelleⅡ实验建造中由于初期投入不足，失去了占据有利地位的好机会。SuperKEKB计划未来加速器的亮度再提升5倍，BelleⅡ的探测谱仪也需要开展相应的升级工作，对我们既是机遇又是挑战。面向未来，在BelleⅡ探测谱仪的升级中，中国组计划在保持自己优势的基础上增加实质性投入和贡献，在缪子探测器的升级中起主导作用，同时增加其他探测器和领域的投入。当今，在粒子物理高亮度前沿，除了BelleⅡ实验外，国际上还有德国的PANDA、美国的GlueX等基于加速器的核与粒子物理实验正在运行或即将运行。这些实验在前沿粒子物理研究中高度互补，各具特色。当前，我国在这些实验中的投入明显不足，需要增加实质性投入；除了物理研究外，还需要跟踪实验的运行状况和实验计划，积极参与探测器硬件和软件升级工作；掌握核心技术，培养人才，同时吸引国外优势团队参加我国的BEPCⅡ/BESⅢ实验和未来的STCF实验。

中国已经于2019年与CERN共建联合研究中心（China-CERN

Collaboration on Particle Physics，CCCPP），搭建起了中国–欧洲核子研究组织在高能物理、加速器、探测器及相关技术等方面长期稳定的合作与沟通平台。该研究平台聚集了我国粒子物理研究的优势力量，进一步加深了中国–欧洲核子研究组织在高能物理方面更加全面的合作，并首次扩展到了加速器及相关技术等方面，包括高亮度 LHC 加速器升级及技术研发、探测器升级及技术研发、先进计算与存储技术等研究方向。中法粒子物理联合实验室自 2007 年成立以来，在 LHC 实验、中微子及暗物质实验等方面开展了广泛的合作研究，包括人员交流互访、轮流举办年度学术研讨会、研究生联合培养等。2022 年，在科技部、中国科学院及中法双方参与单位的支持下，中法粒子物理实验室在中国科学院高能物理研究所成立了实体办公室，进一步加强了中法双方在粒子物理领域的深度合作。

未来，我国将通过深度参与 LHC、SuperKEKB 等国际大科学实验的国际合作，积极承担核心仪器设备的研发和建造任务，掌握核心技术和关键工艺；通过国际合作，将在新一代加速器、探测器、核电子学等关键技术领域培养一批具有国际视野和竞争力的专家与优秀技术人才，建立相关的实验室、测试平台及数据库系统，拥有新器件设计和研制能力；逐渐形成自主的核心技术和器件研发生态系统，突破禁运，推动我国在关键材料器件、技术和方法的全面发展，并辐射至其他领域。粒子物理研究的基础性和广泛的国际合作使其在相对复杂的国际政治环境中成为科技交流的宝贵窗口。

第四章

围绕中国基于加速器的粒子物理领域发展的相关政策建议

第一节 中国基于加速器的粒子物理领域发展的政策建议

粒子物理学研究物质最深层次的结构和最基本的相互作用规律，与宇宙起源及演化密切相关，是人类认识物质世界和宇宙演化最前沿的学科之一。经过几十年的发展，粒子物理取得了重大成果，但面临着一系列重大基础问题，如物质起源、宇宙暴胀、中微子质量、基本作用力的统一、暗物质和暗能量等。解决这些问题，将从根本上改进人类的时空观及对物质世界和宇宙演化的理解。基于加速器的粒子物理实验研究聚焦粒子物理前沿的核心科学问题，包括希格斯物理，电弱及顶夸克物理、CP 破坏、强相互作用的色禁闭机制和强子结构，以及超越标准模型新物理等，在过去几十年里取得了一系列重大物理成果，是粒子物理研究的最有效途径，具有不可替代性。

基于加速器的粒子物理实验研究建造大规模、可控、极端环境的实验条件，有针对性地开展相关实验研究，具有一系列独特性质：最前沿的基础科学问题和广谱的物理研究方向；极端条件下的精密实验测量，多领域尖端技术与方法的极限运用；大规模的国际合作；长周期的装置研制、成果产出及人才培养。基于加速器的粒子物理实验研究水平，直接反映了一个国家的科技和教育水平。

基于加速器的粒子物理实验广泛运用不同领域的技术和方法，涉及粒子源、强流粒子束、束流监测和控制、超导高频腔、大型强磁场、超高真空、大尺度精密定时和测量、粒子鉴别和探测、快/微电子学、海量数据的获取、储存、传输和处理等不同方向与领域。它对各种技术极端性能的挑战成为推动新技术发展的重要原动力之一，促进了大量原创性的关键技术研发，并推进先进技术在高新产业、国防能源、深地空间科学、医学健康、交叉领域的广泛应用。基于加速器的粒子物理实验能够在加速器、探测器和读出电子学等领域培养一批具有国际视野和竞争力的专家与技术人才，并吸引了全球高水平研究人才，建立起相关的实验室、测试平台及数据库系统，掌握核心技术和关键工艺，拥有新器件设计和研制能力，逐渐形成自主的核心技术和器件研发生态系统，突破国际禁运，推动我国在关键材料与器件、技术和方法的全面发展，并辐射至其他领域。作为基础研究前沿和现代物理学的主要分支，基于加速器的粒子物理研究为其他相关学科（如原子分子、材料、天体及宇宙学等）的发展奠定了基础，提供了必要工具，在科学研究和技术发展中起到了旗舰带动作用，促生了大量交叉学科和子学科并推动其发展，如科研导向的粒子天文学、粒子宇宙学、宇宙线观测、空间实验等及平台导向的高能同步辐射光源、X射线自由电子激光、散裂中子源等，已经构成了一个健康完整的生态，为基础研究领域带来了勃勃生机。粒子物理研究的基础性和广泛的国际合作使得其在相对复杂的国际政治环境中也成为科技交流的宝贵窗口，对教育、科学、文化、卫生等领域有巨大价值，与之相关的科普对提升公众科学素养具有不可替代的作用。

在过去的40年里，我国以BEPC/ BES实验为基地，完成了BEPC/BES实验的重大建造和升级改造项目，开展了强子物理和味物理研究，取得了陶轻子质量的精确测量、2～5 GeV *R*值的精确测量、一系列XYZ粒子的发现、中子内部振荡结构的发现等重大研究成果，引领国际强子物理研究的发展。与此同时，我国也积极、广泛参与国际上的LHC实验（如ALICE实验、ATLAS实验、CMS实验、LHCb实验）、日本SuperKEKB上的Belle/BelleⅡ实验、美国JLab的GlueX实验等，并在这些装置的建造、升级改造及一系列重大物理研究（如希格斯玻色子的发现和性质研究、CP破坏的研究、多夸克态的发现等工作）中做出了突出贡献。通过BEPC/BES实验和积极的国际合作，我国在加速器、探测器及电子学、科学计算等方面，对关键技术的研发、设计和研制等积累了丰富的经验，储备了一批核心技术，也培养了一批具有国际竞争力的优秀中青年人才。我国是世界上屈指可数的几个拥有完整对撞机设计、建造、运行能力的国家之一，在国际各大实验合作中的地位也显著提升，实现了邓小平同志要求的“在世界高科技领域占有一席之地”的目标。

尽管如此，我国在该领域与国际发达国家还有较大差距，在加速器、探测器和电子学等方面鲜有原创性的核心技术；部分前沿核心技术、关键部件和相关仪器，特别是精密测量仪器和设计软件等，不能自主可控，面临被发达国家“卡脖子”的境况；国际领军人才、有影响力的学界领袖、获得的各种国际奖项偏少，我国科学家在国际上的影响力和发言权总体不足；更重要的是，由于历史原因，我国对标准模型的建立基本没有贡献，严重影响了我国在此领域的国际地位。应该清楚地认识到，我国当前基于加速器的粒子物理研究现状与我国的国情和发展战略目标不相称。另外，BEPCⅡ/BESⅢ实验已经成功运行超过 15 年，计划中的升级改造已于 2024 年 12 月完成，预期将质心能量 4 GeV 以上的亮度提高 3 倍，但与物理研究实际需求还有一定差距。受到其场地和部分基础设施的限制，BEPCⅡ/BESⅢ装置没有进一步大幅度提升性能的空间和潜力，需要尽快建设新一代的加速器设施。

一、战略性建议

面向未来，根据国家对基础研究和科技发展的战略需求，以及我国粒子物理领域研究现状和国际发展态势，结合我国现实的研究基础、人才队伍和技术储备、工业基础水平等综合实力等，考虑《中华人民共和国国民经济和社会发展第十四个五年规划和 2035 年远景目标纲要》、经济发展规模及对基础科学研究的投入等因素，我国应当采取稳健有效的步骤，保持现有的国际一流、引领陶粲物理研究的国际地位，创造可持续发展生态；在整体上努力赶超国际先进水平，使得我国的粒子物理实验研究从占有“一席之地”转变为跻身国际先进或领先行列。

为此，本书内容以在过去 10 多年里中国物理学会高能物理分会领导下的粒子物理发展战略研讨为基础，聚焦基于加速器的粒子物理发展战略规划，深入探讨了基于加速器的粒子物理研究的历史、现状及国内外发展趋势，细致分析了其核心科学问题、主要技术问题和国内外大型高能粒子物理对撞机实验的路径规划。基于专家研讨和深入分析的结果，结合我国实际情况，本书就我国基于加速器的粒子物理发展给出如下战略性建议。

（1）鉴于基于加速器的粒子物理研究的基础性和前沿性、技术尖端性及在国家战略中的重要地位，结合我国在本领域的发展现状、综合国力及国际环境和发展态势，我国应当制定稳健、现实可行且具有前瞻性的战略规划，合理布局高能量前沿和高亮度前沿的规划，统筹国家各基金部门和地方政府的资助及相关研究单位的人才队伍与核心技术等资源，解决核心技术问题，培养和储备人才队伍，实现我国基于加速器的粒子物理研究的发展战略目标，达到国际领先水平。

（2）尽快启动高亮度前沿 STCF 的预研及后续建造工作，尤其是在地方政府大力支持的情况下抓住机遇，及时开展预研项目，争取在几年内完成项目预研，并推动项目及时实施工程建设。STCF 项目将推动我国在该领域处于国际先进地位，使得我国成为世界五大基于加速器的高能物理实验中心（分别位于美国、欧洲、日本、俄罗斯、中国）之一。STCF 有重大的科学问题和技术待研究。该项目的建设和运行能够为强子物理、味物理和 CP 破坏及新物理的探索提供重要平台，继续保持我国在该研究方向的国际领先优势；同时，该项目能够突破一系列关键技术，建设相关设施平台，培养掌握前沿技术的综合性人才，为未来本领域的更大项目或其他领域的大科学工程提供技术和人才支撑。我国在 STCF 项目的物理、人才、技术等方面有很好基础，项目的规模、经费的投入、人才队伍需求等都与我国目前的科研能力、经济水平等现状相符。总体而言，中国是最适合建造 STCF 项目的国家，在中国建造 STCF 项目将得到国际粒子物理领域同行的全力支持，这一点在当前复杂的国际环境下显得尤为重要。

（3）积极推动高能量前沿的 CEPC 的预研究。作为高精度的正负电子对撞机希格斯工厂，CEPC 瞄准当今高能量前沿的核心物理问题，即希格斯玻色子性质的精确测量、标准模型的精确检验和新物理信号的寻找。CEPC 将成为世界粒子物理领域的旗舰性设施和研究中心，推动我国成为国际粒子物理研究的“领跑”国家。建议进一步大力支持 CEPC 的预研，解决核心技术问题，保障项目各项关键技术达到成熟完备的程度，培养和储备人才队伍，争取尽快完成预研，做好在获得国家专项资助的情况下能尽快投入工程建设的准备。由于 CEPC 与欧洲的 FCC 项目存在竞争，建议国家优先考虑支持，适时开工建设，使得我国在粒子物理领域的国际竞争中占据有利地位。同时也应该清楚意识到，由于技术研发进展、国际发展趋势、国家经济能力和国际环境等因素，我国未来在高能量前沿或许会面临建设本土的 CEPC 项目或参与建造 FCC 国际项目的选择。但不管是哪种选项，我国都应该积极布局，在国际高能量物理前沿做出与我国国际地位相匹配的贡献。

（4）鉴于加速器大装置周期长、花费相对较大等特点，在国家投入有限的情况下应当积极鼓励地方政府或企业参与国家投资，参与加速器大装置实验设施关键技术预研和建设，建立起国家和地方政府共建大科学装置的机制，通过大科学装置建设带动地方科技和教育发展。

二、具体政策建议

制定切实可行、具有前瞻性的"十四五"规划和2035远景规划，协调两个前沿相关项目在时间、人才培养、技术研发等方面的协同与合作，推动我国基于加速器的高能物理领域全面发展，努力在整体上赶超国际先进水平，是我们面临的核心问题。为此，基于专家研讨和分析结果，就我国基于加速器的粒子物理领域的可持续发展给出了如下具体政策建议。

（一）在中国建造新一代的加速器装置和相关国际合作科学研究基地

在中国建造新一代加速器装置开展粒子物理前沿基础研究，符合《中华人民共和国国民经济和社会发展第十四个五年规划和2035年远景目标纲要》关于积极牵头组织国际大科学计划和大科学工程的要求。此外，先进的粒子加速器和粒子探测技术是诸多大科学工程（如同步辐射光源、自由电子激光、散裂中子源、空间粒子辐射探测等）开展科学研究的重要支撑和保障。这些技术在国防、生命科学和医学等方面都有广泛应用。BEPC/BES实验为我国基于加速器的粒子物理研究奠定了基础，也为我国其他领域的大科学工程提供了人才、技术、经验等重大支撑。建造我国新一代的加速器装置能够保障本领域的发展生态，提升我国的基础研究能力和国际影响力，保持和发展通过几代人的努力而积累起来的先进粒子加速器、粒子辐射探测技术，同时也避免出现人才队伍和技术研发的断层或流失状况。在当前复杂竞争的国际形势下，这对突破核心技术、关键仪器设备自主可控，显得尤为重要和迫切。

（二）制定稳健、切实可行且具有前瞻性的战略性规划

当前及未来相当长的一段时间，国际上基于加速器的粒子物理实验在高能量前沿和高亮度前沿的研究并存，各具特色，缺一不可。同时，两个不同研究的前沿在实验规模、投资经费等方面有量级差别，但是在部分关键技术、实验方法及专业人才等方面具有共性。因此，两个前沿的研究互不冲突，并且高度互补，需要综合考虑我国在基础研究和科技发展的战略需求、本领域人才队伍和技术储备状况、我国工业基础水平等综合实力及国际发展态势等因素，制定稳健、客观、可行且具有前瞻性的中长期战略规划，统筹国家各基金组织和地方政府的资助、相关研究单位的人才队伍和核心技术等资源，保障两个不同研究前沿的重大发展战略。在保持现有优势的基础上突破创新，形成全面发展态势，服务于国家的战略定位和重大需求。发达国家和地区（如日本、欧洲等）已经做出了很好的示范。

（三）大幅度提升核心技术和前瞻性技术研发的水平与规模

基于加速器的粒子物理实验广泛应用不同领域的前沿技术，挑战各种核心技术的极端性能，是推动新技术发展的重要原动力之一。以国内外的基于加速器的粒子物理实验项目的升级或建设需求为驱动力，开展加速器和射线探测关键核心技术与前瞻性技术的研究，突破与创新，提升原创能力，以国际一流水平为标杆做好科学、技术、工程各方面的准备，满足前沿基础研究需求，服务于国家战略需求。在加速器方面，大力提升加速器的物理研究和设计能力，加快开发加速器物理研究软件和设计优化软件，做到核心软件自主可控，提升创新能力；深入开展新加速器

原理的研究，如开展基于等离子体尾场加速的正电子新加速器原理研究、突破现有加速器的加速梯度制约等问题的研究；进一步加大铁基高温超导磁体、高性能超导腔、高效率速调管等核心技术研究，研发新型材料及制造工艺，提升器件整体性能。在射线探测器研发方面，开展以耐辐照高精度硅像素传感器、高精度微结构气体探测器和光电探测器、抗辐射专用集成电路芯片、无线传输数据芯片等为代表的核心技术研发，提升器件性能，突破国际封锁，解决“卡脖子”问题；倡导新原理与新工艺，结合新型材料及集成度更高的电子学、人工智能（artificial intelligence，AI）、第五代移动通信技术（5th generation mobile communication technology，5G）等新技术，探索新技术和新方法；加强粒子物理研究通用软件及数据中心的系统性支持，面对粒子物理实验日益增长的数据量和复杂度挑战，激励与支持在计算和软件方面的自主创新能力的培育。

（四）开展深入、广泛的国际合作

广泛的国际合作是当前基于加速器的粒子物理领域的独特性质，特别是在当前错综复杂的国际政治环境中，为维持和开展科研合作提供了以下特殊的途径，显得尤为突出。通过人类对物质世界共同的好奇心，规避不同国家间的战略和利益纷扰，集全世界最先进的技术和优势团队开展前沿技术研发，探索物质世界最深层次的结构相互作用。在当前情况下，需要进一步加强国际合作，特别是加强与 CERN 的合作。CERN 是目前无可争议的高能物理研究的国际领先机构和前沿主阵地，同时拥有国际大科学装置建造、运行、管理上的先进经验。通过参与 LHC 实验，特别是针对 HL-LHC 项目开展创新性研究，争取世界级物理成果；在激烈的国际竞争中，参与对撞机升级并争取主导部分关键探测器子系统升级项目，提升团队的研究水平和技术能力，达到国际一流水平，同时在基础研究的大规模国际合作中获得先进的管理–运行经验。我国一大批优秀科学家通过在 CERN 的工作及与 CERN 的合作得到了锻炼。但是当前我国对 CERN 的贡献（设备 + 经费）在 1%～2% 的水平，远低于其他主要大国的贡献水平，对国际合作的进一步开展和以我国为主的国际大科学装置建造极其不利，需要做出和我国影响力相匹配的贡献。建议我国积极申请成为 CERN 观察员乃至 CERN 准成员国，并且设立中国与 CERN 合作的计划专项，由国家成立中国与 CERN 合作执行中心，负责与 CERN 合作计划专项的具体工作。同时，需要积极参加国际上布局的未来高能量对撞机项目，特别是 ILC、FCC 等正负电子希格斯工厂项目。除了与 CERN 的合作外，还需要加强与其他国家的大科学装置（如 SuperKEKB/BelleⅡ等）及国际知名研究所和大学的技术交流与人才培养的合作。通过大幅度增加国际合作实质性投入，拓展研究方向，掌握相关前沿技术，提升研究水平和国际地位，并积极吸引国际政府和专家参与由我国发起的大科学工程的建设。

（五）加强相关理论物理研究

研究物理课题的前沿性和科学意义是建设基于加速器的粒子物理实验大科学工程的前提。需要培养思路活跃、具有挑战精神的理论学家，培养学术领袖，鼓励优秀人才活跃于国际前沿物理研究，加强和国内外研究单位交流与合作，并投入未来的高能加速器计划中，瞄准重大问题、难题提出科学思想和解决方案，争取取得重大突破。

（六）加强基础设施、测试平台的建设

建设通用型束流测试平台，推动我国加速器和探测器技术的发展。束流测试是探测器设计研发中不可替代的环节，是新型探测器性能验证的试金石；性能优越的束流测试实验装置能够给予探测器研发及其相关关键技术开发快速的反馈，提升技术的成熟性。当前，粒子物理束流测试主要依托CERN、德国电子同步加速器研究所等拥有大型加速器的实验室展开，但相应的设施非常繁忙，在将来可能的复杂国际政治环境下，在国外开展束流测试可能受限，将会大幅度延缓我国先进探测器技术的发展速度。依托我国现有或预期建造的加速器设备建设高水平的通用束流测试平台，以推动我国探测器技术的快速发展。另外，国际上各主要大型加速器实验室（如美国的BNL、ANL、SLAC和日本的KEK等）都建有先进的加速器验证装置。这些装置为研究前沿的加速器物理、研发与测试先进的加速器技术装备提供了核心支撑平台。我国目前的大型加速器装置主要面向用户，很难提供加速器物理与技术前沿研究的机时。依托我国现有或预期建造的加速器装置建设高性能的通用束流测试平台，将推动我国加速器物理与技术快速发展。

（七）培育具有国际视野和水平的青年人才

基于加速器的粒子物理实验研究跨越了不同领域，为培养综合性人才提供了天然场所。以项目预研、建设和运行为驱动力，培养一支具有国际视野和国际竞争力、掌握前沿技术和管理经验的青年科学家队伍，在国际上和欧洲、美国、日本等先进研究主体展开深入的合作与建设性的竞争，使得我国科学家能充分利用现有装置进行前沿科学研究，挑战重大科学发现，并对装置的建

造和运行维护做出与我国影响力相匹配的贡献，同时保障我国大科学装置的建造和运行。我国粒子物理领域在过去十几年时间里大力引进和培养人才，科研队伍得到大规模增长。但是，这期间新引进的科学家专长偏重数据分析和理论，优秀技术骨干偏少，影响了各单位实验室的建设及硬件任务承担能力和学生的全面教育。未来，人才发展战略需要引入竞争机制，积极培养和吸引全世界最优秀的人才，特别是具有探测器、电子学、数据获取及传输、软件等方面技术专长和较大潜力的实验技术人才。

（八）加强大科学装置预研项目立项前的经费资助

大科学装置周期长、规模大、投资高，涉及不同领域的关键技术，项目的前期可行性研究和概念设计是必要阶段，对项目能否最终落地至关重要。建议加强大科学装置预研项目立项前的经费资助，由自然科学基金委、科技部等基金资助部门协调设立专项基金，支持未来可能的大科学装置的前期可行性研究和概念设计等，为大科学装置的最终落地建设创造良好环境。

第二节　中国基于加速器的粒子物理领域资助战略实现的配套措施

从能力建设、队伍建设、制度建设、法规建设、环境建设、国际合作政策、组织保障等方面出发，提出有利于前沿领域资助战略实现的配套措施。

基于加速器的粒子物理实验是粒子物理研究的主战场。作为典型的大科学工程，基于加速器的粒子物理实验在科学发现和技术创新方面具有不可替代的作用。粒子物理对撞机实验汇集了高精尖的科学技术，是人类探索未知奥秘、发现客观规律的重要工具；对撞机挑战设备性能极限，引领技术创新，对产业升级和经济发展有巨大推动作用；以加速器/对撞机为核心的大科学装置平台支撑多学科交叉发展，培养造就高水平综合性研究人才，是提升国家整体科研水平和创新能力的重要源泉；大科学装置也因其基础性和前瞻性，拥有国际合作的良好基础和传统。

国务院于2013年发布《国家重大科技基础设施建设中长期规划（2012—2030年）》，提出重大科技基础设施是突破科学前沿、解决经济社会发展和国家安全重大科技问题的物质技术基础。我国主导建设并积极参与了多个具有国际先进水平的大科学装置，显著提升了我国基础科学研究的水平，产生了一大批世界顶级科学成果，储备了大量关键技术，是我国原始创新的核心部分之一。

虽然西方发达国家对我国的技术封锁和合作壁垒为国际科技合作蒙上了一层阴影，但全球性的科技合作仍是解决人类命运共同体面对的重大问题及挑战的必由之路。在当今国际环境下，大科学装置是进一步推动我国开放和国际合作的重要窗口；积极参与基于大科学装置的国际合作，是打破封锁、解决“卡脖子”问题的重要方式。

一、不足和差距

业内专家经过深入讨论，认为当前我国基于大科学装置的基础研究主要存在以下不足和差距。

（一）大科学装置全生命周期的支持不够系统、稳定

基于大科学装置的基础科学研究，装置的预研、建设、运行和获得科学成果，通常需要十多年甚至数十年。在整个生命周期内获得持续系统性的、稳定的支持对大科学装置实现其科学目标至关重要。当前的主要问题有：具有前瞻性和创新性的大科学装置在项目早期的预研支持力度显著不足；现有科研基础、经费支持模式及评价机制对国际高水平科学家和技术人才的吸引力尚显不足，科研队伍难以稳定；在复杂的国际大环境下，大科学装置的国际合作出现了重大困难。

（二）参与大科学装置国际合作的力度不足

我国参与大科学装置国际合作的力度有待进一步提高，部分学科出现重科学成果、轻技术研发的倾向，不利于核心技术及其相关人才的培养，不利于关键技术和“卡脖子”问题的解决。基础科学研究领域的大科学装置，通常采取开放性的研究模式，为高新技术的国际交流提供了重要平台。这一平台在西方国家对我国高新技术封锁的背景下尤为可贵。我国参与的大部分基础科学领域的国际合作投入占比低、整体规模小，导致我国在国际合作中的显示度不足，国际认可度和影响力不够，与我国的整体实力和国际地位不匹配；这一状况也间接导致国外科学界对我国主导的大科学装置参与度不足。另外，现有国内成果评价机制导致中国科学家在参与国际合作时轻视技术研发、参与深度不足，进一步限制了核心技术的积累发展。

（三）参与大科学装置的青年人才成长环境不利

当前，参与大科学装置的青年人才的成长发展有其特殊困难。

大科学装置项目周期长、参与人员多，现有评价体系标准单一，难以准确反映青年人才的贡献和潜力，使得青年科学家难以脱颖而出。同时，青年人才的科研经费支持不足，难以发挥其才能。

二、配套措施

针对以上不足，要实现中国基于加速器的粒子物理领域目标的战略需要施行如下配套措施。

（一）给予大科学装置全生命周期的持续稳定支持

对具有前瞻性和创新性的项目保持稳定的支持力度，借鉴推广中国科学院先导项目的支持模式，对处于不同阶段的项目分类给予支持。在规划上，增加对重大原创性长期项目的专项资助；在培育计划的选择上，由资助部门发起，广泛收集领域内科研人员的建议与意见并参与学科内专家对本行业项目的评估，决定支持项目的优先级和额度。参考欧洲和美国国家实验室的运行管理模式，稳定科研院所人员待遇，提高科研经费中人员薪酬占比。积极采取措施，保证稳定、持续地对基础科学研究的投入。可参考欧洲“地平线计划”模式中采用国家投入与银行投资贷款互补的方法，在经济下滑的国际大形势下保证科研投入。鼓励促进企业投入、参与大科学装置研发和建设，共享技术，推动成果转化。

（二）大幅度增加大科学装置国际合作的力度

进一步深化国际合作，积极应对人类命运共同体面对的共性难题和巨大挑战；充分利用国际大科学装置开展前沿技术积累，培养技术人才队伍，积极解决“卡脖子”问题；积极参加国际科技联盟或机构，从法律上融入全球科技体系中，避免被“脱钩”，加强与国际科学中心的实质性合作，积极成为其成员国，如参加CERN成为准成员国；与国际知名科研机构建立联合实验室，通过互设办公机构和实验室，在管理层和科学技术层加强人员互访，吸取借鉴外方成熟的管理经验和先进技术；提升国际合作经费在基础科研经费中的占比，将非我方主导的国际合作大科学装置项目纳入国家重大科技基础设施统一管理和支持，提供稳定运行费，确保开展长期稳定的国际合作，提升国际合作的力度，促进国际同行对等支持，参与我国主导的大科学装置；坚持技术进步与科学产出并重，增加技术研发的投入比例，学习掌握积累前沿技术。例如，通过参与阿尔法磁谱仪（alpha magnetic spectrometer，AMS）大科学装置的国际合作，掌握了太空磁体技术，成功研制出人类送入太空的第一个大型磁体；进一步推动以我国为主的国际大科学装置建设，吸引国际合作，将国际合作的参与度作为大科学装置项目遴选的重要参考，以大科学装置为平台，培育建设国际化实验室，使其成为类似CERN的国际科学中心；强化我国大科学装置中的先进技术研发和积累，实现相关领域的突破。例如，通过我国主导的中微子实验，推动了一系列粒子探测尖端技术的研发，达到国际领先水平，打破国外垄断；通过国际合作，为我国企业参与国际大科学装置项目创造机遇，积累技术。鼓励我国工业界与科研机构的产学研联盟与结合。

（三）帮助青年科学人才专注创新、脱颖而出

青年科学人才富有活力，勇于挑战，在大科学装置上发挥了重要作用。应采取措施激励青年科学人才脱颖而出，鼓励其创新，以促进青年科学家在创造力最旺盛的年纪有所作为，为寻求创新

及关键突破提供必要的支持。例如，使用多元化的评价体系，在大科学装置相关的青年人才评价中弱化论文数量、项目经费等量化指标，重视合作组内显示度，对投身于长期研究的青年人才进行专门评价，鼓励“十年磨一剑”的持久创新精神；对处于预研阶段的和我国参与的国际合作大科学装置项目中的青年人才增设专项经费，加强支持力度，促进青年人才初期事业发展；提高对高风险研究项目的支持力度和支持率，鼓励新想法、有风险的研究方向。

参考文献

[1] Chatrchyan S, Khachatryan V, Sirunyan A M, et al. Observation of a new boson at a mass of 125 GeV with the CMS experiment at the LHC[J]. Phys Lett B, 2012, 716(1): 30-61.

[2] Aad G, Abajyan T, Abbott B, et al. Observation of a new particle in the search for the standard model Higgs boson with the ATLAS detector at the LHC[J]. Phys Lett B, 2012, 716(1): 1-29.

[3] Ahmad Q R, Allen R C, Andressen T C, et al. Direct evidence for neutrino flavor transformation from neutral-current interactions in the sudbury neutrino observatory[J]. Phys Rev Lett, 2002, 89(1): 11301.

[4] Fukuda Y, Hayakawa T, Ichihara E, et al. Evidence for oscillation of atmospheric neutrinos[J]. Phys Rev Lett, 1998, 81(8): 1562-1567.

[5] Albahri T, Anastiast A, Anisenkov A, et al. Measurement of the anomalous precession frequency of the muon in the Fermilab muon g-2 experiment[J]. Phys Rev D, 2021, 103(7): 72002.

[6] Abi B, Albahri T, Al-Kilani S, et al. Measurement of the positive muon anomalous magnetic moment to 0.46 ppm[J]. Phys Rev Lett, 2021, 126(14): 141801.

[7] Sakharov A D. Violation of CP in variance, C asymmetry, and baryon asymmetry of the universe[J]. Soviet Physics Uspekhi, 1991, 34(5): 392-393.

[8] Schwinger J. Gauge invariance and mass[J]. Phys Rev, 1962, 125(1): 397-398.

[9] Martin S P. A supersymmetry primer[A]. World Scientific, 1998: 1-98.

[10] Nilles H P. Supersymmetry, supergravity and particle physics[J]. Phys Rep, 1984, 110(1): 1-162.

[11] Marzocca D, Serone M, Shu J, et al. General composite Higgs models[J]. J High Energy Phys, 2012, (8): 1-52.

[12] Sundrum R, Randall L. Large mass hierarchy from a small extra dimension[J]. Phys Rev Lett, 1999, 83(17): 3370-3373.

[13] Ellis R K, Heinemann B, Blas J D, et al. Physics briefing book: input for the European strategy for particle physics update 2020*. CERN, 2019.

[14] CERN. HL-LHC[EB/OL]. 2022. https: //hilumilhc.web.cern.ch/[2025-05-26].

[15] The European Strategy Group. Deliberation document on the 2020 update of the European Strategy for Particle Physics[R]. Geneva: CERN Council, 2020.

[16] CEPC Study Group. CEPC conceptual design report: volume 1—accelerator[J]. arXiv physics.acc-ph arXiv: 1809.00285, 2018.

[17] CEPC Study Group. CEPC conceptual design report: volume 2—physics & detector[J]. arXiv hep-ex arXiv: 1811.10545, 2018.

[18] An F, Bai Y, Chen C, et al. Precision Higgs physics at the CEPC[J]. Chinese Phys C, 2019, 43(4): 43002.

[19] CERN. FCC CDR[EB/OL]. http://fcc. cdr. web. cern. ch/.

[20] Linssen L, Miyamoto A, Stanitzki M, et al. Physics and detectors at CLIC: CLIC conceptual design report[J]. arXiv: 1202.5940, 2012.

[21] Behnke T, Brau J E, Burrows P N, et al. The international linear collider technical design report—volume 4: detectors[J]. arXiv physics.ins-det arXiv: 1306.6329, 2013.

[22] Asner D M, Barnes T, Bian J M, et al. Physics at BES-Ⅲ [J]. Int J Mod Phys A, 2008, 24(S1): 0-794.

[23] Alves A A, Filho A L M, Barbosa A F, et al. The LHCb detector at the LHC[J]. J Instrum, 2008, 3(8): S8005.

[24] Bediaga I, Torres CM, De Mirande J M, et al. Physics case for an LHCb upgrade Ⅱ—opportunities in flavour physics, and beyond, in the HL-LHC era[J]. arXiv hep-ex arXiv: 1808.08865, 2018.

[25] Kou E, Urquijo P, Altmannshofer W, et al. The BelleⅡ physics book[J]. Prog Theor Exp Phys, 2019, (12): 123C01.

[26] Eugenio P. The GlueX experiment: search for gluonic excitations via photoproduction at Jefferson Lab[A].Proceedings of Science. Confinement X, 2012, 8-12.

[27] PANDA Collaboration. Techinical progress report for PANDA[J]. arXiv: 1710.00684, 2017.

[28] Peng H P. High Intensity Electron Positron Accelerator (HIEPA), Super Tau Charm Facility (STCF) in China[J]. Physics, 2020, 49(8): 523-524.

[29] Love L O. Electromagnetic separation of isotopes at oak ridge[J]. Science, 1973, 182(4110): 343-352.

[30] Wilson R. A brief history of the harvard university cyclotrons[J]. AJR, 2004, 183(6): 1558-1558

[31] Beth R A, Lasky C. The Brookhaven Alternating Gradient Synchrotron: construction of a massive nuclear research machine requires ideas, men, and methods from many fields[J]. Science, 1958, 128 (3336): 1393-1401.

[32] Bylinskii I, Craddock M K. The TRIUMF 500 MeV cyclotron: the driver accelerator[J]. Hyperfine Interactions, 2014, 225(1): 9-16.

[33] Wu S L. e^+e^- physics at petra—the first five years[J]. Phys Rep, 1984, 107(2): 59-324.

[34] Rubin D L. CESR status and plans[J]. Proceedings Particle Accelerator Conference, 1991, 1: 481-485.

[35] Satz H. The SPS heavy ion programme[J]. Phys Rep, 2004, 403-404: 33-50.

[36] DREES J. Review of final LEP results or a tribute to LEP[J]. Int J Mod Phys A, 2002, 17(23): 3259-3283.

[37] Holmes S, Moore R S, Shiltsev V. et al. 2011. Overview of the Tevatron

collider complex: goals, operations and performance[J]. JINST, 2011, 6: T08001.

[38] PEP-Ⅱ. PEP-Ⅱ: An asymmetric B factory. Conceptual design report[M]. Berkeley: Lawrence Berkeley National Laboratory, 1993.

[39] Akai K, Furukawa K, Koiso H, et al. SuperKEKB collider[J]. Nucl, Instrum, Methods Phys Res A, 2018, 907: 188-199.

[40] Kurokawa S, Kikutani E. Overview of the KEKB accelerators[J]. Nucl Instrum Methods Phys Res A, 2003, 499(1): 1-7.

[41] Bai J Z, Chen G P, Ma J, et al. The BES detector[J]. Nucl, Instrum, Methods Phys Res A, 1994, 344(2): 319-334.

[42] Zhang C. An Overview of the BEPCⅡ Project[R]. Proceedings of 40th ICFA ABDW, 2008.

[43] Solomon A D, Wilson D G, Alexiades V et al. Conceptual design of the Relativistic Heavy Ion Collider: RHIC[EB/OL]. (1986-05-01). https://digital.library. unt.edu/ark:/67531/metadc1067365[2025-04-19].

[44] Breskin A, Voss R. The CERN Large Hadron Collider: accelerator and experiments[M]. Geneva: CERN, 2009.

[45] 谢家麟 . 关于北京正负电子对撞机方案、设计、预研和建造的回忆片段 [C]// 中国高等科学技术中心 . “中国高能物理发展中的叶铭汉”学术报告会论文集，2005：19.

[46] 郑志鹏，朱永生 . 北京谱仪Ⅱ正负电子物理 [M]. 广西：广西科学技术出版社，1998.

[47] 郑志鹏，李卫国 . 北京谱仪Ⅱ正负电子物理 [M]. 合肥：中国科学技术大学出版社，2009.

[48] 王贻芳 . 北京谱仪（BESⅢ）的设计与研制 [M]. 上海：上海科学技术出版社，2011.

[49] 苑长征，吕晓睿，李海波 . 北京谱仪实验 30 年 [J]. 现代物理知识，2019，(4)：10.

[50] Ablikim M, Achasov M N, Ai X C, et al. Future physics programme of BESⅢ*

[J]. Chinese Phys C, 2020, 44(4): 40001.

[51] Ablikim M, Achasov M N, Ai X C, et al. Precision measurement of the mass of the τ lepton [J]. Phys Rev D, 2014, 90(1): 12001.

[52] Ablikim M, Achasov M N, Ai X C, et al. Observation of a charged charmoniumlike structure in $e^+e^- \to \pi^+\pi^- J/\psi$ at $\sqrt{s} = 4.26$ GeV [J]. Phys Rev Lett, 2013, 110(25): 252001.

[53] Ablikim M, Achasov M N, Ai X C, et al. Measurement of the cross section for $e^+e^- \to$ hadrons at energies from 2.2324 to 3.6710 GeV [J]. Phys Rev Lett, 2022, 128(6): 62004.

[54] Ablikim M, Achasov M N, Ai X C, et al. Measurements of absolute hadronic branching fractions of the Λ_c^+ baryon [J]. Phys Rev Lett, 2016, 116(5): 52001.

[55] Ablikim M, Achasov M N, Ai X C, et al. Measurement of azimuthal asymmetries in inclusive charged dipion production in e^+e^- annihilations at $\sqrt{s} = 3.65$ GeV [J]. Phys Rev Lett, 2016, 116(4): 42001.

[56] Ablikim M, Achasov M N, Ai X C, et al. Polarization and entanglement in baryon-antibaryon pair production in electron-positron annihilation[J]. Nat Phys, 2019, 15(7): 631-634.

[57] Bai J Z, Bardon O, Becker-Szendy R A, et al. Measurement of the mass of the τ lepton[J]. Phys Rev Lett, 1992, 69(21): 3021-3024.

[58] Bai J Z, Ban Y, Bian J G, et al. Measurements of the cross section for $e^+e^- \to$ hadrons at center-of-mass energies from 2 to 5 GeV [J]. Phys Rev Lett, 2002, 88(10): 101802.

[59] Bai J Z, Ban Y, Chen G P, et al. Evidence of psi(3770) non-$D(\bar{D})$ decay to $J/\psi\, \pi^+\pi^-$ [J]. Phys Lett B, 2005, 605(1-2): 63-71.

[60] Ablikim M, Bai J Z, Ban Y, et al. Observation of a resonance X(1835) in $J/\psi \to \gamma\pi^+\pi^-\eta'$ [J]. Phys Rev Lett, 2005, 95(26): 262001.

[61] Bai J Z, Ban Y, Chen G P, et al. Observation of a near-threshold enhancement in the $p\bar{p}$ mass spectrum from radiative $p\bar{p}\, J/\psi \to \gamma p\bar{p}$ decays [J]. Phys Rev Lett, 2003, 91(2): 22001.

[62] An F P, Balantekin A B, Band H R, et al. The detector system of the Daya Bay reactor neutrino experiment[J]. Nucl Instrum Methods Phys Res A, 2016, 811: 133-161.

[63] JUNO Collaboration. JUNO physics and detector[J]. Prog Part Nucl Phys, 2022, 123: 103927.

[64] Cao X, Chen X, Chen Y H et al. PandaX: a liquid XENON dark matter experiment at CJPL[J]. Sci China: Phys Mech Astron, 2014, 57(8): 1476-1494.

[65] Liu S K, Yue Q, Kang K J et al. Limits on light WIMPs with a germanium detector at 177 eVee threshold at the China Jinping Underground Laboratory[J]. Phys Rev D, 2014, 90(3): 32003.

[66] Cao Z, Volpe D, Liu S M et al. The Large High Altitude Air Shower Observatory (LHAASO) science book (2021 Edition)[J]. Chinese Phys C, 2019, 46: 35001-035007.

[67] Ambrosi G, An Q, Asfandiyarov R et al. Direct detection of a break in the teraelectronvolt cosmic-ray spectrum of electrons and positrons[J]. Nature, 2017, 552(7683): 63-66.

[68] Adeva B, Barber D P, Becker U et al. A summary of experimental results from Mark J: high energy e^+e^- collisions at PETRA [J]. Phys Rep, 1984, 109(3): 131-226.

[69] Adriani O, Aguliar-Benitez M, Ahlen S P et al. Results from the L3 experiments at LEP[J]. Phys Rep, 1993, 236(1): 1-146.

[70] Decamp D, Deschizeaux B, Lees J P et al. ALEPH: a detector for electron-positron annihilations at LEP[J]. Nucl Instrum Methods Phys Res A, 1990, 294(1): 121-178.

[71] Aubert B, Bazan A, Boucham A et al. The BABAR detector[J]. Nucl Instrum Methods Phys Res A, 2002, 479(1): 1-116.

[72] Abashian A, Gotow K, Morgan N et al. The Belle detector[J]. Nucl Instrum Methods Phys Res A, 2002, 479(1): 117-232.

[73] Ackermann K H, Adams N, Adler C et al. STAR detector overview[J]. Nucl

Instrum Methods Phys Res A, 2003, 499(2): 624-632.

[74] Abazov V M, Abbott B, Acharya B S et al. Measurement of the W boson mass with the D0 detector[J]. Phys Rev Lett, 2012, 108(15): 151804.

[75] Aamodt K, Quintana A, Achenbach R et al. The ALICE experiment at the CERN LHC[J]. J Instrum, 2008, 3(8): S8002.

[76] Aad G, Bentvelsen S, Bobbink G J et al. The ATLAS experiment at the CERN Large Hadron Collider[J]. J Instrum, 2008, 3(8): S8003.

[77] Petrucciani G. The CMS experiment at the CERN LHC[M]// Petrucciani G. The Search for the Higgs boson at CMS. Pisa: Scuola Normale Superiore, 2013: 15-58.

[78] Abe T, Adachi I, Adamczyk K et al. BelleⅡ technical design report[J]. arXiv physics.ins-det arXiv : 1011.0352, 2010.

[79] Adhikari S, Akondi C S, Al Ghoul H et al. The GlueX beamline and detector[J]. Nucl Instrum Methods Phys Res A, 2021, 987: 164807.

[80] Erni W, Keshelashvili I, Krusche B et al. Physics performance report for PANDA: strong interaction studies with antiprotons[J]. arXiv: 0903.3905, 2009.

[81] Aad G, Abbott B, Abbott D C et al. Search for high-mass dilepton resonances using 139 fb^{-1} of pp collision data collected at $\sqrt{s}$ =13 TeV with the ATLAS detector [J]. Phys Lett B, 2019, 796: 68-87.

[82] Aad G, Abbott B, Abbott D C, et al. Erratum to: Higgs boson production cross-section measurements and their EFT interpretation in the 4l decay channel at $\sqrt{s}$ = 13 TeV with the ATLAS detector [J]. Eur Phys J C, 2021, 81(1): 29.

[83] Aad G, Abbott B, Abbott D C et al. Search for lepton-flavor violation in Z-boson decays with τ leptons with the ATLAS detector[J]. Phys Rev Lett, 2021, 127(27): 271801.

[84] Zhang L M, Zhang Z P, Adachi I, et al. Measurement of $D^0-\bar{D}^0$ mixing parameters in $D^0 \to K_s\pi^+\pi^-$ decays[J]. Phys Rev Lett, 2007, 99(13): 131803.

[85] Choi S K, Olsen S L, Abe K, et al. Observation of a narrow charmoniumlike

state in exclusive $B^{\pm} \to K^{\pm}\pi^{+}\pi^{-} J/\psi$ decays [J]. Phys Rev Lett, 2003, 91(26): 262001.

[86] Zhang L M, Zhang Z P, Li J, et al. Improved constraints on $D^0 - \bar{D}^0$ mixing in $D^0 \to K^{+}\pi^{-}$ decays from the Belle detector[J]. Phys Rev Lett, 2006, 96(15): 151801.

[87] Liu Z Q, Shen C P, Yuan C Z, et al. Study of $e^{+}e^{-} \to \pi^{+}\pi^{-} J/\psi$ and observation of a charged charmoniumlike state at Belle [J]. Phys Rev Lett, 2013, 110(25): 252002.

[88] Aaij R, Beteta A C, Ackernley T, et al. Test of lepton universality in beauty-quark decays[J]. Nat Phys, 2022, 18(3): 277-282.

[89] Ali H, Arkani-Hamed N, Banta, et al. The muon smasher's guide[M]. Rep Prog Phys, 2021, 85(8): 084201.

[90] CERN. Muon collider collaboration website[EB/OL]. 2022. https: // muoncollider.web.cern.ch/[2024-07-26].

[91] Bossi F, Ciafaloni P. Lepton flavor violation at muon-electron colliders[J]. J High Energy Phys, 2020, (10): 33.

[92] Lu M, Levin A M, Li C, et al. The physics case for an electron-muon collider[J]. Adv High Energy Phys, 2021: 6693618.

[93] Yang T, Qian S, Guan Z, et al. Longitudinally polarized ZZ scattering at a Muon Collider[J]. Phys Rev D, 2021, 104(9): 93003.

[94] Qian S, Li C, Li Q, et al. Searching for heavy leptoquarks at a muon collider[J]. JHEP, 2021, 2021(12): 1-15.

[95] Anderle D P, Bertone V, Cao X, et al. Electron-ion collider in China[J]. Front Phys-Beijing, 2021, 16(6): 64701.

[96] Accardi A, Albacete J L, Anselmino M, et al. Electron ion collider: the next QCD frontier—understanding the glue that binds us all[J]. Eur Phys J A, 2012, 52(9): 268.

[97] Abada A, Abbrescia M, AbdusSalam S S, et al. HE-LHC[J]. Eur Phys J Spec Top, 2019, 228(5): 1109-1382.

[98] Bellazzini B, Csáki C, Serra J, et al. Composite Higgses[J]. Eur Phys J C, 2014, 74(5): 2766.

[99] Giudice G F, Rattazzi R, Wells J D, et al. Quantum gravity and extra dimensions at high-energy colliders[J]. Nucl Phys B, 1999, 544(1): 3-38.

[100] Blinov N, Izaguirre E, Shuve B. Rare Z boson decays to a hidden sector[J]. Phys Rev D, 2018, 97(1): 15009.

[101] Spira M, Djouadi A, Graudenz D, et al. Higgs boson production at the LHC[J]. Nucl Phys B, 1995, 453: 17-82.

[102] Ade P A R, Aghanim N, Arnaud M, et al. Planck 2015 results. XIII. Cosmological parameters[J]. Astron Astrophys, 2016, 594: A13.

[103] Cepeda M, Gori S, Ilten P, et al. Higgs physics at the HL-LHC and HE-LHC[J]. arXiv hep-ph arXiv: 1902.00134, 2019.

[104] D'Enterria D. Higgs physics at the Future Circular Collider[J]. arXiv e-prints arXiv: 1701-2663, 2017.

[105] The Gfitter Group, Haller J, Hoecker A, et al. Update of the global electroweak fit and constraints on two-Higgs-doublet models[J]. Eur Phys J C, 2018, 78: 675.

[106] Sirunyan A M, Tumasyan A, Adam W, et al. Observation of $t\bar{t}H$ production[J]. Phys Rev Lett, 2018, 120(23): 231801.

[107] Mangano M L, Ortona, G, Selvaggi M. Measuring the Higgs self-coupling via Higgs-pair production at a 100 TeV p-p collider[J]. Eur Phys J C, 2020, 80(11): 1030.

[108] Pike O J, Mackenroth F, Hill E G, et al. A photon-photon collider in a vacuum hohlraum[J]. Nat Photonics, 2014, 8(6): 434-436.

[109] Agostini P, Aksakal H, Alekhin S, et al. The large hadron-electron collider at the HL-LHC[J]. J Phys G, 2021, 48(11): 110501.

[110] Anthony P L, Arnold R G, Arrnold C, et al. Precision measurement of the weak mixing angle in Moller scattering[J]. Phys Rev Lett, 2005, 95(8).

[111] Schael S, Barate R, Bruneliere R, et al. Precision electroweak measurements

on the Z resonance[J]. Phys Rep, 2006, 427(5-6): 257-454.

[112] Bodek A, Standard model precision electroweak measurements at HL-LHC and future hadron colliders[J]. arXiv hep-ex arXiv: 1510.02006, 2015.

[113] Jung S, Lee J, Perelló M, et al. Higgs, top quark, and electroweak precision measurements at future e^+e^- colliders: a combined effective field theory analysis with renormalization mixing[J]. Phys Rev D, 2022, 105(1): 16003.

[114] Vos M. Top physics beyond the LHC[J]. arXiv e-prints arXiv, 1701-6537, 2017.

[115] Aaboud M, Aad G, Abbott B, et al. Measurement of the W-boson mass in pp collisions at $\sqrt{s}$ = 7 TeV with the ATLAS detector [J]. Eur Phys J C, 2018, 78(11): 898.

[116] Aad G, Abbott B, Abbott D C, et al. Measurement of the top-quark mass in $t\bar{t}$ + 1-jet events collected with the ATLAS detector in pp collisions at $\sqrt{s}$ = 8 TeV [J]. J High Energy Phys, 2019, (11): 150.

[117] Sirunyan A M, Tumasyan A, Adam W, et al. Measurements of $t\bar{t}H$ production and the CP structure of the Yukawa interaction between the Higgs boson and top quark in the diphoton decay channel [J]. Phys Rev Lett, 2020, 125(6): 61801.

[118] Flechl M. Higgs physics: review of recent results and prospects from ATLAS and CMS[A]. Phys: Conf Ser, 2015: 631 012028.

[119] Finelli K. Single top-quark production via tW, tZq, and s-channel with ATLAS and CMS [J]. arXiv: 1708.06610, 2017.

[120] Giannini A. Multiboson measurements in ATLAS and CMS[A]. 9th Annual Large Hadron Collider Physics (LHCP 2021), Online, GB, 2021: 7-12.

[121] Rauch M. Vector-boson fusion and vector-boson scattering[J]. arXiv e-prints arXiv: 1610-08420, 2016.

[122] Agarwal N, Magnea L, Signorile-Signorile C, et al. The infrared structure of perturbative gauge theories[J]. Phys Rep, 2021, 994: 1-120.

[123] Weinzierl S. Feynman integrals[J]. arXiv e-prints arXiv, 2201-3593, 2022.

[124] Borowka S, Heinrich G, Jhan S, et al. A GPU compatible quasi—Monte Carlo integrator interfaced to pySecDec[J]. Comput Phys Commun, 2019, 240: 120-137.

[125] Li Z, Wang J, Yan Q S, et al. Efficient numerical evaluation of Feynman integrals[J]. Chinese Phys C, 2016, 40: 33103.

[126] Liu X, Ma Y. AMFlow: a mathematica package for Feynman integrals computation via Auxiliary Mass Flow[J]. arXiv e-prints arXiv: 2201-11669, 2022.

[127] Cabibbo N. Unitary symmetry and nonleptonic decays[J]. Phys Rev Lett, 1964, 12: 62-63.

[128] Kobayashi M, Maskawa T. CP-violation in the renormalizable theory of weak interaction[J]. Progress of Theoretical Physics, 1973, 49: 652-657.

[129] Gottfried K, Weisskopf V F. Concepts of particle physics, vol 1[M]. Oxford: Oxford University Press, 1984.

[130] Amhis Y, Banerjee Sw, Ben-Haim E, et al. Averages of b-hadron, c-hadron, and τ-lepton properties as of 2018[J]. Eur Phys J C, 2021, 81(3): 226.

[131] Hagiwara K, Hikasa K, Nakamura K, et al. Review of particle physics[J]. Phys Rev D, 2002, 66(1): 10001.

[132] Urquijo P, Barberio E, Adachi I, et al. Measurement of $|V_{ub}|$ from inclusive charmless semileptonic B decays[J]. Phys Rev Lett, 2010, 104(2): 21801.

[133] Lees J P. Study of $\bar{B} \to X_u l \bar{\nu}$ decays in $B\bar{B}$ events tagged by a fully reconstructed B-meson decay and determination of $|V_{ub}|$[J]. Phys Rev D, 2012, 86(3): 32004.

[134] Waheed E, Urquijo P^0, Ferlewicz D, et al. Measurement of the CKM matrix element $|V_{cb}|$ from $B^0 \to D^{*-} l^+ \nu_l$ at Belle[J]. Phys Rev D, 2019, 100(5): 52007.

[135] Bazavov A, Bernard C^0, Brown N, et al. B- and D-meson leptonic decay constants from four-flavor lattice QCD[J]. Phys Rev D, 2018, 98(7): 74512.

[136] Ablikim M, Achasov M N^0,Ai X C, et al. Precision measurements of $B(D^+ \to \mu^+ \nu_\mu)$, the pseudoscalar decay constant f_{D^+}, and the quark mixing matrix element $|V_{cd}|$ [J]. Phys Rev D, 2014, 89(5): 51104.

[137] Ablikim M, Achasov M N, Ahmed S, et al. Measurement of the branching fraction for the semileptonic decay $D^{0(+)} \to \pi^{-(0)}\mu^+\nu_\mu$ and test of lepton flavor universality [J]. Phys Rev Lett, 2018, 121(17): 171803.

[138] Ablikim M, Achasov M N, Ahmed S, et al. Determination of the pseudoscalar decay constant $f_{D_s^+}$ via $D_s^+ \to \mu^+\nu_\mu$ [J]. Phys Rev Lett, 2019, 122(7): 71802.

[139] Ablikim M, Achasov M N, Adlarson P, et al. Observation of the leptonic decay $D^+ \to \tau^+\nu_\tau$ [J]. Phys Rev Lett, 2019, 123(21): 211802.

[140] Ablikim M, Achasov M N, Adlarson P, et al. Measurement of the absolute branching fractions for purely leptonic D_s^+ decays[J]. Phys Rev D, 2021, 104(5): 52009.

[141] Ablikim M, Achasov M N, Adlarson P, et al. Measurement of the absolute branching fraction of $D_s^+ \to \tau^+\nu_\tau$ via $\tau^+ \to e^+\nu_e\bar{\nu}_\tau$ [J]. Phys Rev Lett, 2021, 127(17): 171801.

[142] 彭海平，郑阳恒，周小蓉 . 中国超级陶粲装置 [J]. 物理，2020，(8)： 12.

[143] Bharucha A, Bigi I I^0, Bobeth C, et al. Implications of LHCb measurements and future prospects[J]. Eur Phys J C, 2013, 73(4): 2373.

[144] Adachi I, Adye T, Ahmed H, et al. Measurement of $\cos 2\beta$ in $B^0 \to D^{(*)}h^0$ with $D \to K_S^0\pi^+\pi^-$ decays by a combined time-dependent Dalitz plot analysis of BaBar and Belle data [J]. Phys Rev D, 2018, 98(11): 112012.

[145] Adachi I, Adye T, Ahmed H, et al. First evidence for $\cos 2\beta > 0$ and resolution of the Cabibbo-Kobayashi-Maskawa quark-mixing unitarity triangle ambiguity [J]. Phys Rev Lett, 2018, 121(26): 261801.

[146] Li H B, Lyu X R. Study of the standard model with weak decays of charmed hadrons at BESⅢ[J]. Natl Sci Rev, 2021, 8(11): b181.

[147] Bigi I I, Kang X W, Li H B. et al. CP asymmetries in strange baryon decays[J]. Chinese Phys C, 2017, 42(1): 013101.

[148] Holmstrom T, Leros N^0, Burnstein R A, et al. Search for CP violation in

charged- Ξ and Λ hyperon decays[J]. Phys Rev Lett, 2004, 93(26): 262001.

[149] 黄光顺，李海波，吕晓睿 . 北京谱仪实验物理成果 [J]. 物理，2020,（8）: 499-512.

[150] Ablikim M, Achasov M N, Adlarson P, et al. Observation of an isoscalar resonance with exotic $J^{PC}=1^{-+}$ quantum numbers in $J/\psi \to \gamma\eta\eta'$ [J]. Phys Rev Lett, 2022, 129(19): 192002.

[151] Aaij R, Adeva B, Adinolfi M, et al. Measurement of matter—antimatter differences in beauty baryon decays[J]. Nat Phys, 2017, 13(4): 391-396.

[152] Chen S Z, Z, Li Y M, Qian W B, et al. Heavy flavour physics and CP violation at LHCb: a ten-year review[J]. arXiv preprint arXiv:2111.14360, 2021.

[153] Aaij R, Abellán Beteta C, Adeva B, et al. Observation of CP violation in charm decays[J]. Phys Rev Lett, 2019, 122(21): 211803.

[154] Saur M, Yu F. Charm CPV: observation and prospects[J]. Science Bulletin, 2020, 65(17): 1428-1431.

[155] Atwood D, Bar-Shalom S, Eilamet G, et al. CP violation in top physics[J]. Phys Rep, 2001, 347(1-2): 1-222.

[156] Lee T D. A theory of spontaneous T violation[J]. Phys Rev D, 1973, 8(4): 1226.

[157] Lee T D. CP nonconservation and spontaneous symmetry breaking[J]. Phys Rep, 1974, 9(2): 143-177.

[158] Aad G, Abbott B, Abbott D C, et al. CP properties of Higgs boson interactions with top quarks in the $t\bar{t}H$ and tH processes using $H \to \gamma\gamma$ with the ATLAS detector [J]. Phys Rev Lett, 2020, 125(6): 61802.

[159] Tumasyan A, Adam W, Andrejkovic J W, et al. Analysis of the CP structure of the Yukawa coupling between the Higgs boson and τ leptons in proton-proton collisions at $\sqrt{s}=13\text{TeV}$ [J]. J High Energy Phys, 2022, (6): 12.

[160] Aad G, Abbott B, Abbott D C, et al. Higgs boson production cross-section measurements and their EFT interpretation in the 4l decay channel at $\sqrt{s}=$ 13 TeV with the ATLAS detector [J]. Eur Phys J C, 2020, 80(10): 957.

[161] Sirunyan A M, Tumasyan A, Adam W, et al. Constraints on anomalous Higgs boson couplings to vector bosons and fermions in its production and decay using the four-lepton final state[J]. Phys Rev D, 2021, 104(5): 52004.

[162] Berge S, Bernreuther W, Spiesberger H. Higgs CP properties using the τ decay modes at the ILC[J]. Phys Lett B, 2013, 727(4-5): 488-495.

[163] Berge S, Bernreuther W, Kirchner S, et al. Determination of the Higgs CP-mixing angle in the tau decay channels at the LHC including the Drell-Yan background[J]. Eur Phys J C, 2014, 74(11): 3164.

[164] Grojean C. FCC-ee: physics motivations[J]. Eur Phys J Plus, 2022, 137(1): 116.

[165] Bernreuther W, Nachtmann O. CP-violating correlations in electron-positron annihilation into τ leptons[J]. Phys Rev Lett, 1989, 63(26): 2787.

[166] Barbero M, Batignani G, Bosi F, et al. The physics of the B factories[J]. Eur Phys J C, 2014, 74(11): 898.

[167] Lees J P, Poireau V, Tisserand V, et al. Search for CP violation in the decay $\tau^- \to \pi^- K_S^0 (\geqslant 0\pi^0)\nu_\tau$ [J]. Phys Rev D, 2012, 85(3): 31102.

[168] Tsai Y S. Production of polarized τ pairs and tests of CP violation using polarized $e^\pm$ colliders near threshold[J]. Phys Rev D, 1995, 51(7): 3172.

[169] Gentile S, Pohl M. Physics of tau leptons[J]. Phys Rep, 1996, 274(5-6): 287-374.

[170] Fritzsch H, Gell-Mann M, Leutwyler H. Advantages of the color octet gluon picture[J]. Phys Lett B, 1973, 47(4): 365-368.

[171] Gross D J, Wilczek F. Ultraviolet behavior of non-abelian gauge theories[J]. Phys Rev Lett, 1973, 30(26): 1343.

[172] Politzer H D. Reliable perturbative results for strong interactions?[J]. Phys Rev Lett, 1973, 30(26): 1346.

[173] Wilson K G. Confinement of quarks[J]. Phys Rev D, 1974, 10(8): 2445-2459.

[174] Higgs P W. Broken symmetries and the masses of gauge bosons[J]. Phys Rev Lett, 1964, 13(16): 508-509.

[175] Gell-Mann M. A schematic model of baryons and mesons[J]. Phys Lett, 1964, 8(3): 214-215.

[176] Zweig G. An SU_3 model for strong interaction symmetry and its breaking[J]. developments in the quark theory of hadrons, 1964: 22-101.

[177] Jaffe R. Exotica[J]. Phys Rep, 2005, 409(1): 1-45.

[178] Klempt E, Zaitsev A. Glueballs, hybrids, multiquarks: experimental facts versus QCD inspired concepts[J]. Phys Rep, 2007, 454(1): 1-202.

[179] Chen X, Chen W, Liu X, et al. The hidden-charm pentaquark and tetraquark states[J]. Phys, Rep, 2016, 639: 1-121,.

[180] Yuan C. Charmonium and charmoniumlike states at the BESⅢ experiment[J]. Natl Sci Rev, 2021, 8(11): 182.

[181] Brambilla N, Eidelman S, Hanhart C, et al. The XYZ states: experimental and theoretical status and perspectives[J]. Phys Rep. 2020, 873: 1-154.

[182] Amsler C, Tornqvist N A. Mesons beyond the naive quark model[J]. Phys Rep, 2004, 389: 61-117.

[183] Brambilla N, Eidelman S, Foka P, et al. QCD and strongly coupled gauge theories: challenges and perspectives[J]. Eur Phys J C, 2014, 74(10): 2981.

[184] Godfrey S, Napolitano J. Light meson spectroscopy[J]. Rev Mod Phys, 1999, 71: 1411-1462.

[185] Crede V, Meyer C A. The experimental status of glueballs[A]. Faessler A, 2009: 74-116.

[186] Kokoski R, Isgur N, Paton J, et al. Gluonic excitations of mesons: why they are missing and where to find them[J]. Phys Rev Lett, 1985, 54(9): 869-872.

[187] Meyer C A, van Haarlem Y. Status of exotic-quantum-number mesons[J]. Phys Rev C, 2010, 82(2): 025208.

[188] Meyer C A, Swanson E S. Hybrid mesons[J]. Prog Part Nucl Phys, 2015, 82: 21-58.

[189] Chen Y, Alexandru A, Dong S J, et al. Glueball spectrum and matrix elements on anisotropic lattices[J]. Phys Rev D, 2006, 73(1) 014516.

[190] Kopke L, Wermes N. J/ψ decays[J]. Phys Rep (Netherlands), 1989, 174(2-3): 69-227.

[191] Jin S, Shen X Y. 2021. Highlights of light meson spectroscopy at the BESⅢ experiment[J]. Natl Sci Rev, 2021, 8(11).

[192] Dudek J J, Robert G, Guo Peng, et al. Toward the excited isoscalar meson spectrum from lattice QCD[r]. Phys Rev D, 2013, 88, 094505.

[193] Ablikim M, Achasor M N, Albayrak O, et al. Partial wave analysis of $J/\psi \to \gamma\eta\eta'$ [J]. Phys Rev D, 2022, 105(7): 72002.

[194] Guo F K, Hanzart C, Ulf-G.Meißner, et al. Hadronic molecules[J]. Rev Mod Phys, 2018, 90: 015004.

[195] Lattimer J M, Prakash M. The physics of neutron stars[J]. Science, 2004, 304(5670): 536-542.

[196] Weber F. Strange quark matter and compact stars[A]. Faessler A, 2004: 193-288.

[197] Liu Y R, Chen H X, Chen W, et al. Pentaquark and tetraquark states[J]. Prog Part Nucl Phys, 2019, 107: 237-320.

[198] Crede V, Roberts W. Progress towards understanding baryon resonances[J]. Rep Prog Phys, 2013, 76(7) 076301.

[199] Klempt E, Richard J M. Baryon spectroscopy[J]. Rev Mod Phys, 2010, 82(2): 1095-1153.

[200] Zou B S. N^*, Λ^*, Σ^*, Ξ^* resonances from J/Ψ and Ψ' decays [J]. Nucl Phys A, 2001, 684: 330-332.

[201] Matsuyama A, Sato T, Lee T-S H, et al. Dynamical coupled-channel model of meson production reactions in the nucleon resonance region[J]. Phys Rep, 2007, 439(5-6): 193-253.

[202] Oller J A, Oset E, Ramos A, et al. Chiral unitary approach to meson-meson and meson-baryon interactions and nuclear applications[J]. Prog Part Nucl Phys, 2000, 45(1): 157-242.

[203] Guo F K, Liu X H, Sakai S, et al. Threshold cusps and triangle singularities in

hadronic reactions[J]. Prog Part Nucl Phys, 2020, 112: 103757.

[204] Bernauer J C, Achenbach P, Gayoso Ayerbe C, et al. High-precision determination of the electric and magnetic form factors of the proton[J]. Phys Rev Lett, 2010, 105(24): 242001.

[205] Xiong W, Gasparian A, Gao H, et al. A small proton charge radius from an electron—proton scattering experiment[J]. Nature, 2019, 575: 147-150.

[206] Zhan X, Allda K, Armstrong D S, et al. High-precision measurement of the proton elastic form factor ratio $\mu_p G_E/G_M$ at low Q^2 [J]. Phys Lett B, 2011, 705(1): 59-64.

[207] Ablikim M, Achasov M N, Adlarson P, et al. Measurement of proton electromagnetic form factors in $e^+e^- \to p\bar{p}$ in the energy region 2.00-3.08 GeV [J]. Phys Rev Lett, 2020, 124(4): 42001.

[208] Ablikim M, Achasov M N, Adlarson P, et al. Oscillating features in the electromagnetic structure of the neutron[J]. Nat Phys, 2021, 17: 1200-1204.

[209] Antonelli A, Achasov M N, Adlarson P, et al. First measurement of the neutron electromagnetic form factor in the time-like region[J]. Phys Lett B, 1993, 313(1): 283-287.

[210] Ablikim M, Achasov M N, Adlarson P, et al. Precision measurement of the $e^+e^- \to \Lambda_c^+\bar{\Lambda}_c^-$ cross section near threshold [J]. Phys Rev Lett, 2018, 120(13): 132001.

[211] Lees J P, Poireau V, Tisserand V, et al. Study of $e^+e^- \to p\bar{p}$ via initial-state radiation at BABAR [J]. Phys Rev D, 2013, 87(9): 92005.

[212] Pakhlova G, Aachi I, Aihara H, et al. Observation of a near-threshold enhancement in the $e^+e^- \to \Lambda_c^+\Lambda_c^-$ cross section using initial-state radiation [J]. Phys Rev Lett, 2008, 101(17): 172001.

[213] Collins J C, Soper D E, Sterman G, et al. Factorization of hard processes in QCD[J]. Adv Ser Direct High Energy Phys, 1989, 5: 1-91.

[214] Bass S D, Thomas A W. The spin structure of the nucleon[J]. Prog Part Nucl Phys, 1994, 33: 449-475.

[215] Kuhn S E, Chen J-P, Leader E, et al. Spin structure of the nucleon—status and recent results[J]. Prog Part Nucl Phys, 2009, 63(1): 1-50.

[216] Metz A, Vossen A. Parton fragmentation functions[J]. Prog Part Nucl Phys, 2016, 91: 136-202.

[217] Aoyama T, Asmussen N, Benayoun M, et al. The anomalous magnetic moment of the muon in the standard model[J]. Phys Rep, 2020, 887: 1-166.

[218] Boito D, Mateu V. Precise determination of α_s from relativistic quarkonium sum rules[J]. J High Energy Phys, 2020, (3): 94.

[219] Hanson G, Abrams G S, Boyarski A M, et al. Evidence for jet structure in hadron production by e^+e^- annihilation [J]. Phys Rev Lett, 1975, 35(24): 1609-1612.

[220] Weinberg S, Sterman G. Jets from quantum chromodynamics[J]. Phys Rev Lett, 1977, 39(23): 1436-1439.

[221] Becker U, Barber D P, Benda H, et al. Discovery of three-jet events and a test of quantum chromodynamics at PETRA[J]. Phys Rev Lett, 1979, 43(12): 830-833.

[222] Altarelli G, Parisi G. Asymptotic freedom in parton language[J]. Nucl Phys, 1977, 126: 298-318.

[223] Dokshitser Y L. Calculation of the structure functions for deep inelastic scattering and e^+e^- annihilation by the perturbation theory in quantum chromodynamics[J]. Zhurnal Ehksperimental' noj i Teoreticheskoj Fiziki, 1977, 73(4): 1216-1240.

[224] Gribov V N, Lipatov L N. Deep inelastic electron scattering in perturbation theory[J]. Phys Lett B, 1971, 37(1): 78-80.

[225] Abdesselam A, Belyaev A, Kuutmann E.B, et al. Boosted objects: a probe of beyond the standard model physics[J]. Eur Phys J C, 2011, 71: 1-19.

[226] Adams D, Arce A, Asquith L, et al. Towards an understanding of the correlations in jet substructure[J]. Eur Phys J C, 2015, 75(9): 409.

[227] Altheimer A, Aroras S, Asquith L, et al. et al. Jet substructure at the Tevatron and LHC: new results, new tools, new benchmarks[J]. J Phys G, 2011, 39(6):

063001.

[228] Altheimer A, Arce A, Asquith L, et al. Boosted objects and jet substructure at the LHC[J]. Eur Phys J C, 2013, 74(3): 2792.

[229] Butterworth J, Cox B.E, Forshaw et al. WW scattering at the CERN LHC[J]. Phys Rev D, 2002, 65(9): 096014.

[230] Butterworth J M, Davison A R, Rubin M, et al. Jet Substructure as a New Higgs-search channel at the Large Hadron Collider[J]. Phys Rev Lett, 2008, 100(24): 242001.

[231] Larkoski A J, Moult I, Nachman B. Jet substructure at the Large Hadron Collider: a review of recent advances in theory and machine learning[J]. Phys Rep, 2020, 841: (C) 1-63.

[232] Kogler R, Nachman B, Schmidt A, et al. Jet substructure at the Large Hadron Collider[J]. Rev Mod Phys, 2019, 91(4): 45003.

[233] Seymour M H. Tagging a heavy Higgs boson[J]. In ECFA Large Hadron Collider (LHC) Workshop: Physics and Instrumentation, 1991:557-569.

[234] Seymour M H. Searches for new particles using cone and cluster jet algorithms: a comparative study[J]. Z Phys C, 1994, 62: 127-138.

[235] Bjorken J D. Energy loss of energetic partons in quark-gluon plasma: possible extinction of high p(t) jets in hadron-hadron collisions[J]. FERMILAB-PUB-82-59-THY, 1982.

[236] Qin G Y, Wang X N. Jet quenching in high-energy heavy-ion collisions[J]. Int J Mod Phys E, 2015, 24: 1530014.

[237] Kang Z, Lee K, Shao D Y, et al. Spin asymmetries in electron-jet production at the future electron ion collider[J]. J High Energy Phys, 2021, (11): 5.

[238] Kang Z,Liu X H, Mantry S, et al. Jet charge: a flavor prism for spin asymmetries at the electron-ion collider[J]. Phys Rev Lett, 2020, 125(24): 242003.

[239] Chen H, Moult I,Zhang X, et al. Rethinking jets with energy correlators: tracks, resummation, and analytic continuation[J]. Phys Rev D, 2020, 102(5):

54012.

[240] Chen H, Moult I, Zhu H X. Spinning gluons from the QCD light-ray OPE[J]. J High Energy Phys, 2022, 2022(8): 233.

[241] Dixon LJ, Luo M X, Shtabovenko V, et al. Analytical computation of energy-energy correlation at next-to-leading order in QCD[J]. Phys Rev Lett, 2018, 120(10): 102001.

[242] Dixon L J, Moult I, Zhu H X. Collinear limit of the energy-energy correlator[J]. Phys Rev D, 2019, 100(1): 14009.

[243] Hofman D M, Maldacena J. Conformal collider physics: energy and charge correlations[J]. J High Energy Phys, 2008, (5): 12.

[244] Sveshnikov N A, Tkachov F V. Jets and quantum field theory[J]. Phys Lett B, 1996, 382(4): 403-408.

[245] Chen H, Yang T Z, Zhu H X, et al. Analytic continuation and reciprocity relation for collinear splitting in QCD*[J]. Chinese Phys C, 2021, 45(4): 43101.

[246] ATLAS, CMS Collaborations. Report on the physics at the HL-LHC and perspectives for the HE-LHC[J]. arXiv: 1902.10229, 2019.

[247] Beneke M, Broggio A, Garny M, et al. Leading-logarithmic threshold resummation of the Drell-Yan process at next-to-leading power[J]. J High Energy Phys, 2019, (3): 43.

[248] Liu Z L, Mecaj B, Neubert M, et al. Factorization at subleading power and endpoint divergences in $h \to \gamma\gamma$ decay. Part Ⅱ. Renormalization and scale evolution [J]. J High Energy Phys, 2021, (1): 77.

[249] Liu Z L, Mecaj B, Neubert M, et al. Factorization at subleading power, Sudakov resummation, and endpoint divergences in soft-collinear effective theory[J]. Phys Rev D, 2021, 104(1): 14004.

[250] Britto R, Cachazo F, Feng B, et al. Direct proof of the tree-level scattering amplitude recursion relation in Yang-Mills theory[J]. Phys Rev Lett, 2005, 94(18): 181602.

[251] Cachazo F, He S, Yuan E, et al. Scattering of massless particles in arbitrary dimensions[J]. Phys Rev Lett, 2014, 113(17): 171601.

[252] Buckley A, Butterworth J, Gieseke S, et al. General-purpose event generators for LHC physics[J]. Phys Rep, 2011, 504(5): 145-233.

[253] Zhu S H. A new paradigm: role of electron-positron and hadron colliders[J]. arXiv: 1410.2042, 2014.

[254] Silk H J. Particle dark matter: evidence, candidates and constraints[J]. Phys Rep, 2005, 405(5): 279-390.

[255] 李明哲，毕效军，张新民. WIMPs 暗物质 [J]. 现代物理知识，2011，(4): 5.

[256] Morrissey D E, Ramsey-Musolf M J. Electroweak baryogenesis[J]. New J Phys, 2012, 14(12): 125003.

[257] Chen S, Olsen S L. New physics searches at the BESⅢ experiment[J]. Natl Sci Rev, 2021, 8(11): b189.

[258] Beacham J, Burrage C, Curtin D, et al. Physics beyond colliders at CERN: beyond the standard model working group report[J]. J Phys G, 2019, 47(1): 10501.

[259] Stangl P, Colangelo G, Giusa A, et al. Interpreting hints for lepton flavor universality violation[J]. Phys Rev D, 2017, 96(5): 55008.

[260] Hirata K. Analysis of beam-beam interactions with a large crossing angle[J]. Phys Rev Lett, 1995, 74(12): 2228-2231.

[261] Alesini D, Bacci C, Bellodi G, et al. Test of "crab-waist" collisions at the DAΦNE Φ Factory[J]. Phys Rev Lett, 2010, 104(17): 174801.

[262] Morita A. Status of early SuperKEKB phase-3 commissioning[A]. International Particle Accelerator Conference[C]. 2019, 2255-2257.

[263] Lan J Q, Wang Y, Li W, et al. 2021. Design of beam optics for a Super Tau-Charm Factory[J]. J Instrum, 2021, 16(07): T7001.

[264] Falchieri D. Radiation tolerant electronics for high energy physics experiments[R], 2017.

[265] Rabuske T, Fernandes J. Charge-sharing SAR ADCs for low-voltage low-

power applications[M]. Switzerland: Springer Charm, 2017.

[266] Ritt S. Development of high speed waveform sampling ASICs[J]. Proc NSNI, 2010.

[267] Delagnes E. What is the theoretical time precision achievable using a dCFD algorithm[J]. arXiv physics.ins-det arXiv: 1606.05541, 2016.

[268] Brüning O, Gray H, Klein K, et al. The scientific potential and technological challenges of the High-Luminosity Large Hadron Collider program[J]. Rep Prog Phys, 2022, 85(4): 46201.

[269] García L C. A high-granularity timing detector for the phase-Ⅱ upgrade of the ATLAS calorimeter system: detector concept, description, R&D and beam test results[J]. J Instrum, 2020, 15(9): C9047.

[270] Iiyama Y, Cerminara G, Gupta A, et al. Distance-weighted graph neural networks on FPGAs for real-time particle reconstruction in high energy physics[J]. Front. Big Data, 2021, 3: 598927.

[271] Mendes E, Baroon S, Soos C, et al. Achieving picosecond-level phase stability in timing distribution systems with xilinx ultrascale transceivers[J]. IEEE T Nucl Sci, 2020, 67(3): 473-481.

[272] Li W D, Liu H M, Deng Z Y, et al. The offline software for the BESⅢ experiment[C]. Proceeding of CHEP. 27, 2006.

[273] Barrand G, Belyaev I, Binko P, et al. GAUDI — a software architecture and framework for building HEP data processing applications[J]. Comput Phys Commun, 2001, 140(1): 45-55.

[274] Zou J H, Huang X T, Li W D, et al. SNiPER: an offline software framework for non-collider physics experiments[J]. J Phys Conf Ser, 2015, 664(7): 72053.

[275] Li H, Huang W H, Liu D, et al. Detector geometry management system designed for Super Tau Charm Facility offline software[J]. J Instrum, 2021, 16(4): T4004.

[276] Gaede F, Ganis G, Hegner B, et al. EDM4hep and PODIO—the event data

model of the Key4hep project and itsimplementation[J]. EPJ Web Conf, 2021, 251 03026.

[277] Frank M, Gaede F, Grefe C, et al. DD4hep: a detector description toolkit for high energy physics experiments[J]. J Phys Conf Ser, 2014, 513(2): 22010.

[278] Ganis G, Helsens C, Völkl V, et al. Key4hep, a framework for future HEP experiments and its use in FCC[J]. Eur Phys J Plus, 2022, 137(1): 149.

关键词索引

C

D

H

J

K

O

Q

S

T

W

X

Y

Z

其 他